JN021365

身のまわりのありとあらゆるものを化学式で書いてみた

How do you enjoy chemical formulas?

山口悟
Satoru Yamaguchi

はじめに

Prologue

私たちの身のまわりにあるものは、たくさんの小さな分子からできています。

私たち人間の体だって、分子が集まってできているんですよ。

この世界には、分子から成り立っているものがたくさんあるというわけです。

さて、分子は「化学式」で表すことができるのですが、化学式とはどのようなものか、ご存じでしょうか?

化学式とは、水はH_2O、酸素はO_2、水素ならH_2……といったように、分子をアルファベットと数字で表したものです。

中学校の理科で学習しましたよね。

高校に進学すると、化学(基礎)の授業でもっと詳しく習うことになります。

この本のタイトル「身のまわりのありとあらゆるものを化学式で書いてみた」を目にして、どんなことを感じたでしょうか?

中学生のみなさんは、「ありとあらゆるものっていうほど、化学式はたくさんあるの?」と、驚いたかもしれません。

文系コースに進んだ高校生のみなさんは、「たしかに化学式は勉強したけど、そんなに多くの化学式は習っていないよ。他にどんなものがあるんだろう?」と、興味を持ってくれたかもしれません。

大人になって化学式とまったく関わらなくなったみなさんは、「今、あらためて化学式を学んだら、世界が違って見えて面白いかも……」と、新しい扉を開けようとしてくれたかもしれません。

この本は、そのような方々に向けて書いたものです。

つまり、文系か理系か決まっていない方々や、文系の方々に化学を楽しんでもらえたら……と思って書きました!

化学を楽しんで学習できれば、学生さんは授業が楽しくなって、成績もアップするかもしれませんし、社会人のみなさんは、化学の視点からニュースを理解できるようになるかもしれません。ノーベル化学賞受賞、有機ELディスプレイ、シェールオイル、医薬品の開発……などなど、じつは世の中には化学が関連している話題があふれているんですよ。

この本には、みなさんの身近にあるものを化学式で表して載せてあります。

それらの化学式を通して、身のまわりにあるものが分子の世界でどのように成り立っているのか、どのような働きをもっているのかを、ちょこっとだけ専門的に解説しました。

本書では、その解説に「炭素くん」に付き合ってもらっています。

炭素くん

炭素くんの体のCは「炭素」を示すCです。

数ある元素のなかから、なぜ「炭素」をチョイスしたのか、不思議に思われるかもしれません。

「炭素」って……炭のこと？　真っ黒の炭じゃん！

……とイメージする読者の方々も多いでしょう。

たしかに炭素は炭の主成分ですが、いろいろな形で世の中に存在しています。

じつは炭素は、私たち生命体の核となっている原子なんですよ。

本書を読み進めていくうちに薄々気づかれると思いますが、私たちの体の中には、炭素が中心となってつくられている分子が多いんです。

私たち人類がつくり出した化学製品にも、炭素が含まれているものがたくさんあります。

炭素は真っ黒な炭だけではないということですね。

あとは、「酸素ちゃん」と「水素研究員」にもサポートしてもらいます。

こちらは生命にとって必要不可欠な水（H_2O）に含まれている酸素Oと水素Hですね。

さて、本書の内容をざっくりと説明します。

第1章には、化学に関する基本的な事柄が書かれています。化学の世界の真髄である原子と分子について、そしてこの本のタイトルにも含まれている化学式について説明しました。さらに、理解を深めるうえで外すことができない、化学反応式についても説明しています。

第2章では、空気中の分子について解説しました。

第3章から6章では、キッチン、洗面所やトイレ、リビングや寝室、屋外……と、場所ごとに、身のまわりにあるものについて化学の視点から考えていきます。

それでは、ぜひ化学の世界を楽しんでください！

目次
Index

Chapter
1

化学式と化学反応式ってなんだろう？

近にあるものを化学式で書いていく前に、確認しておかなくてはならないことがあります。
　それは、化学式とはそもそもなんなのか?……ということです。
　化学式を語る前に、まずは化学について考えてみましょう。
　科学ではありません。化学です。
　サイエンスではなくケミストリーですね。
　化ける学問と書いて化学です。
　何が化けるのでしょうか?
　答えは……「分子」です。
　それでは、分子とはそもそもどんなものなのでしょうか?
　身近にある「水」の分子について考えてみましょう。

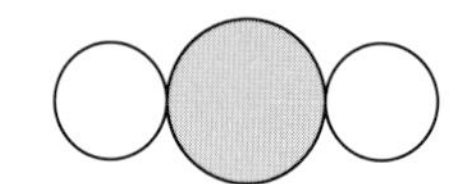

　これは水の分子を表した図です。
　水は、水の分子がたくさん集まってできていることがわかっています。
　小さ過ぎて、人間の目では分子を直接見ることはできません。
　3つの円は、分子よりもさらに小さい「原子」と呼ばれるものを表しています。
　灰色の円が「酸素」の原子で、白い2つの円が「水素」の原子です。
　このように、とても小さな原子が集まって分子ができていることを覚えておいてください。
　どのぐらい小さいかというと、原子はゴルフボールの数億分の1の大きさしかありません。
　ちなみに、ゴルフボールは地球の数億分の1の大きさです。
　どのぐらい小さいかわかってもらえたでしょうか?

さて、水の分子は、酸素の原子と水素の原子から成り立っていることをお話ししました。
では、空気中にある酸素の「分子」や水素の「分子」はどのように表すのでしょうか?
酸素の分子は、酸素の原子が2つくっついて、空気中を漂っています。
水素の分子も、水素の原子が2つくっついてできています。

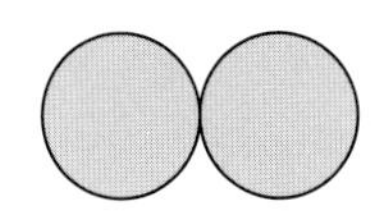

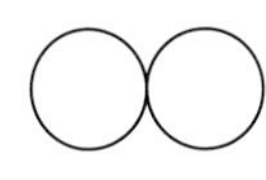

このように、酸素や水素は原子として存在しているわけではなく、くっついて「分子」として存在しています。

それでは、原子と分子のことがわかってきたと思いますので、話を戻しましょう。
化学とは、分子が化ける学問である……という話でした。
どのように化けるのでしょうか?
例えば、水素の分子が2個、酸素の分子が1個あるとします。
水素と酸素の分子を一緒に燃やすと、水の分子が2個できます。

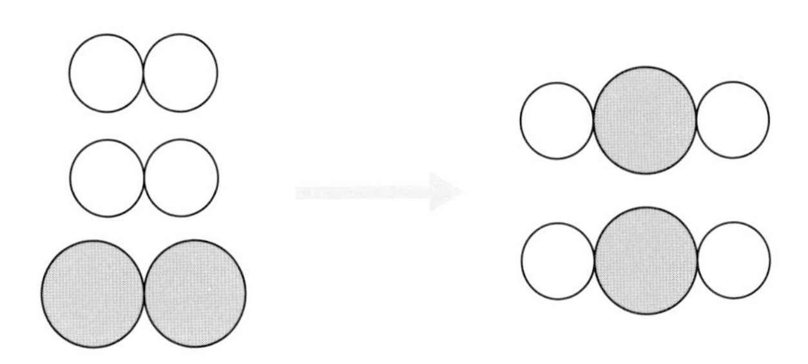

水素の「原子」と酸素の「原子」のくっつき方が変わり、水の分子ができました。
水素の分子と酸素の分子が、水の分子に化けたわけです。

このように分子が化けることを、化学の世界では「化学反応」と呼びます。

水素ガスが発生しているところに
マッチの火を近づけると、
ポンと音を出して燃えるのよ
このとき、水素ガスが空気中の酸素と反応して、
水ができているんだ。
水といっても、水蒸気だから目には見えないけどね

さて、これまで原子を円で表してきました。

しかし、化学の世界では、原子を毎度毎度、円で表しません。

最初にみなさんに投げかけた言葉、「化学式」を使って表します。

水素の分子は「H_2」、酸素の分子は「O_2」、水の分子は「H_2O」です。

それぞれ、「エイチツー」、「オーツー」、「エイチツーオー」と呼んでいます。

水素の原子はH、酸素の原子はOというアルファベット、いわゆる「元素記号」で表すんですよ。

右下の小さな数字は原子の数を表しています。

原子の数が1つの場合、1という数字は書かずに省略することになっています。

化学式の説明が終わったところで、先ほどの、水素の分子と酸素の分子が燃えて水の分子ができる化学反応を化学式で表してみましょう。

$$2H_2 + O_2 \rightarrow 2H_2O$$

水素の分子の前に2、水の分子の前にも2という数字が書いてありますね。

これは、水素の分子が2個使われ、水の分子が2個できたという意味です。

1個しか使っていない酸素の分子の前の1という数字は、省略することになっています。

これが「化学反応式」です。

これで「化学式」、そして「化学反応式」がどういうものかわかってきましたね。

さて、これから先、水素の原子と酸素の原子の他にも、いろいろな種類の「原子」が登場します。

例えば、冒頭でも登場した「炭素」の原子、それに「窒素」の原子などが登場する予定です。

炭素の元素記号は「C」でしたね。

窒素の元素記号は「N」であり、これらは水素の原子をH、酸素の原子をOで表したのと同じことです。

これらの原子がくっついて、さまざまな「分子」をつくっています。

それでは、身のまわりのありとあらゆるものを化学式で見ていきましょう!

Chapter

2

空気の化学式を見ていこう！

1 空気中の分子(N_2、O_2)

まずは、みなさんのまわりにある、最も身近なものを考えてみましょう。

見渡して必ずまわりにあるものといえば……空気ですよね。

目には見えませんが、空気中にはたくさんの分子が存在しています。

先ほど述べたとおり、酸素は酸素原子が2つくっついた分子の形(O_2)で空気中を漂っています。

下に空気の成分の割合(体積百分率)を円グラフで示しました。

酸素の分子は空気の約20%を占めているんですよ。

そして、残りの約80%は窒素の分子で構成されています。

窒素の元素記号は「N」でしたね。

窒素分子は、窒素の原子が2つくっついた形(N_2)で存在しており、空気の大半を占めています。

窒素と酸素以外の分子も、「その他の成分」のところにほんの少しだけ存在しています。

いかがでしょうか?

これで、私たちは分子が漂う中で生活していることをわかってもらえたと思います。

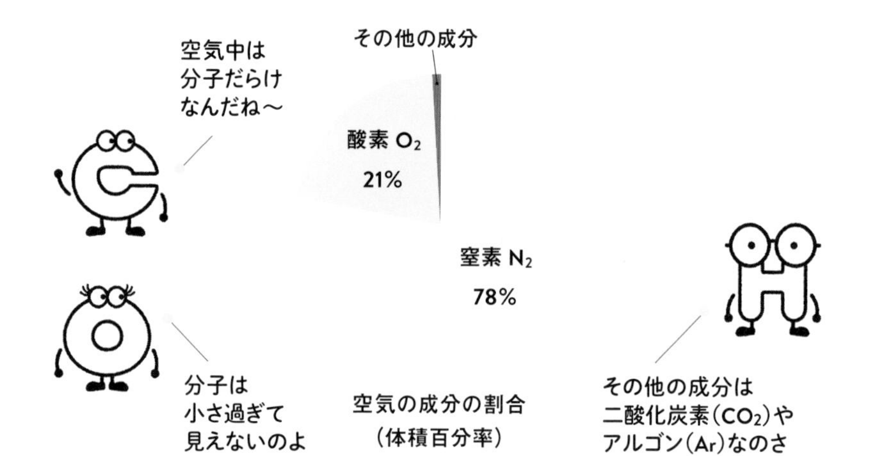
空気中は
分子だらけ
なんだね〜
その他の成分
酸素 O_2
21%
窒素 N_2
78%
分子は
小さ過ぎて
見えないのよ
その他の成分は
二酸化炭素(CO_2)や
アルゴン(Ar)なのさ

空気の成分の割合
(体積百分率)

2 呼吸と光合成

さて、空気中に分子がたくさん存在していることを説明したわけですが、私たちは日々、それらを体内に取り込んで生活しています。
「酸素」を吸い込み、「二酸化炭素」を吐き出して生きている……と耳にしたことがあると思いますが、これはいったいどういうことなのでしょうか?
この過程は、私たちがエネルギーをつくり出すうえで大切なものであり、「呼吸」と呼ばれています。
二酸化炭素は炭素原子に酸素原子が2つくっついた分子であり、化学式は「CO_2」です。
空気中にCO_2はどのぐらい存在しているのでしょうか?
その割合は0.038%とわずかです。

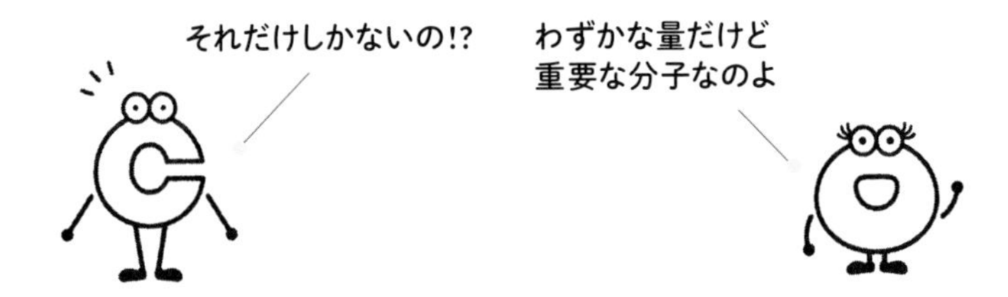

それだけしかないの!?
わずかな量だけど
重要な分子なのよ

CO_2は私たち人間（動物）の呼吸によって放出されるわけですが、空気中のCO_2は何かの役に立っているのでしょうか?
CO_2を利用しているのは……植物です。
植物はCO_2を取り込んで「光合成」に使います。
光合成……これも聞いたことがあるはずです。
光合成とは、植物が水と太陽光、そしてCO_2を使って養分をつくり出す過程のことでしたね。
このとき、植物からはO_2が放出されます。
空気中に放たれたO_2は、動物の呼吸に使われます。

この一連の流れを図にまとめました。

動物および植物はO_2とCO_2を通じて、協力し合っていることがわかりますね。

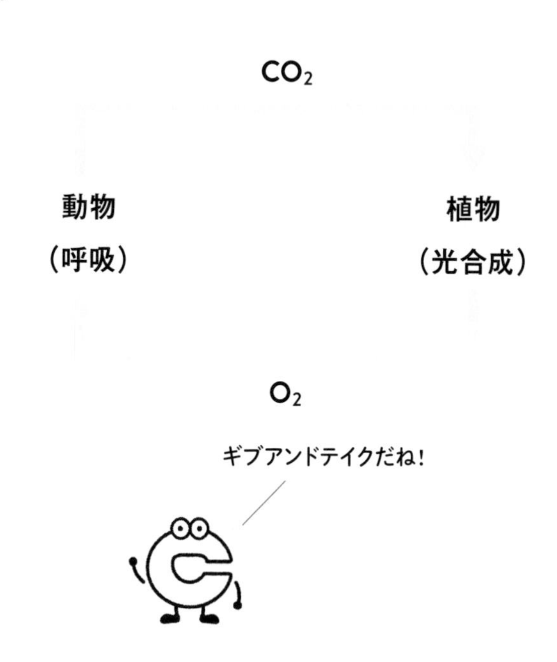

3 呼吸と光合成 〜もっと詳しく！〜

私たち動物と植物は、O_2とCO_2のやり取りをしていることを説明しました。

私たちは、生きていくために必要なエネルギーを呼吸によってつくり出しているわけですね。

エネルギーをつくり出すために必要なものは、O_2だけではありません。

他に水、そして食べ物から得られるある分子も必要です。

ある分子とは……「グルコース」と呼ばれるものです。

グルコース は
「ブドウ糖」とも呼ばれているわ

お米やパンの中に含まれている、「デンプン」という栄養素をご存じでしょうか?

グルコースがいくつもつながってできている分子です。

なので、デンプンが体内に取り込まれると、分解されてグルコースになるんですよ。

グルコースの化学式は「$C_6H_{12}O_6$」と表します。

「呼吸」によってグルコースからエネルギーを得る過程を、化学反応式で表してみましょう。

呼吸

$$C_6H_{12}O_6 + 6O_2 + 6H_2O \rightarrow 6CO_2 + 12H_2O + \text{エネルギー}$$

グルコース($C_6H_{12}O_6$)が、O_2とH_2Oとともに化学反応に使われていますね。

その結果、CO_2とH_2Oが生じ、その際にエネルギーが発生します。

エネルギーの正体はATPと呼ばれる分子であり、この分子は大きなエネルギーを持っています。

ATPはadenosine triphosphateの略であり、化学式ではありません。

日本語だと「アデノシン三(さん)リン酸」で、化学式では$C_{10}H_{16}N_5O_{13}P_3$で表されます。

Pは「リン」の元素記号を表しています。

人間は毎日5000リットル以上の
酸素を消費して
エネルギーを生み出しているのさ

一方で植物は、取り込んだCO_2からグルコースをつくり出しています。

この過程が「光合成」であり、次の化学反応式で表されます。

光合成

$$6CO_2 + 12H_2O + \text{光エネルギー} \rightarrow C_6H_{12}O_6 + 6O_2 + 6H_2O$$

CO_2とH_2O、そして光のエネルギーから、グルコース（$C_6H_{12}O_6$）をつくり出していますね。

このとき、同時にO_2とH_2Oも生じます。

グルコースは動物の呼吸に必要なものであり、植物はその供給源になるというわけです。

その一方で、植物自身も私たちと同様に、自分でつくり出したグルコースを使って呼吸を行ない、エネルギーを生み出しています。

植物は動物に
グルコースを
与えているんだね

そうよ。
例えば、稲や麦、トウモロコシに
デンプンとして含まれているわ。
動物に与えるだけじゃなくて、
植物自身も呼吸を行なう際に
グルコースを使っているわけね

Chapter

3

キッチンの化学式を見ていこう！

この章では、キッチンにあるものを化学式で表してみます。
キッチンにあるものといえば、飲み物や食べ物ですね。
それらの話題を取りそろえています。
それでは、まずは冷蔵庫の中から見ていきましょう！

1 炭酸飲料とCO_2

はじめに、炭酸飲料についてお話しします。

冷やしておくと美味しいので、冷蔵庫の中に入れている人が多いと思います。

こう表現するとまずそうですが、炭酸飲料は、味つけした水の中に二酸化炭素が溶けている飲み物です。

二酸化炭素の化学式は「CO_2」でしたね。

CO_2は、私たちが普通に生活している温度では「気体」、つまりガスの状態です。

先ほど述べたとおり、CO_2は私たちが吐き出している息の中に含まれているわけですからね。

炭酸飲料からは気泡が出てくるわけですが、あの気泡がCO_2なんですよ。

ただし、CO_2は水に溶けにくいことがわかっています。

溶けにくいのに、どうして炭酸飲料の中に溶けていられるのでしょうか？

じつは、炭酸飲料をつくる際に大きな圧力をかけて、CO_2を水の中にムリヤリ溶かし込んでいるのです。

気体は、圧力をかけると液体に溶けやすくなる性質があるんですよ（ヘンリーの法則と呼ばれています）。

フタを開けるとシュワシュワと気泡が出てきますが、あれはムリヤリ溶かし込まれたCO_2が気泡となって飛び出してきているのです。

ですから、フタを開けて放っておくと、CO_2が空気中に飛んでいって、ただの味がついた水になってしまいますよね。

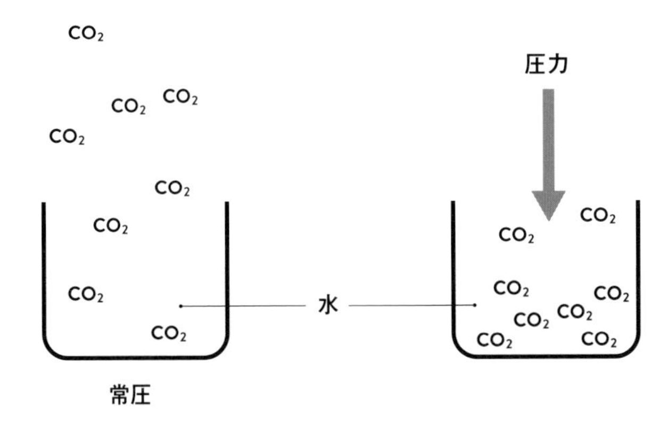

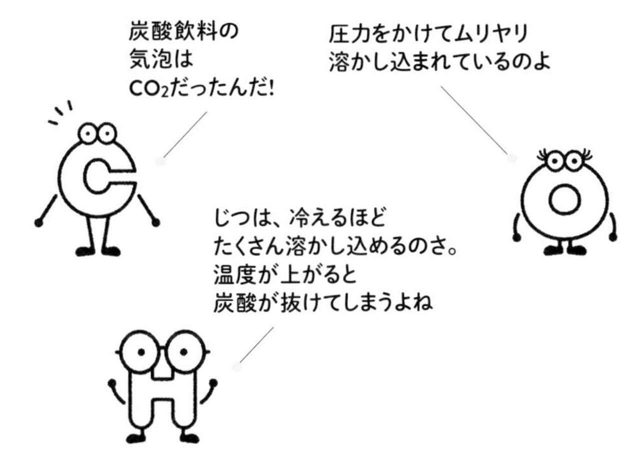

2 ドライアイス(CO_2)

さて、今度は冷蔵庫の冷凍室に話を移しましょう。

冷凍室の中に入っているものといえば、アイスクリームや冷凍食品ですよね。

それらの食べ物が溶けないように冷凍庫に入れておくわけですが、一昔前はアイスクリームや冷凍食品を購入したときに、保冷剤として「ドライアイス」が一緒に入っていることがよくありました(最近はあまり見かけなくなりましたが……)。

ここでは、このドライアイスについてお話しします。

ドライアイスは固体ですが、じつはこれ……CO_2そのものです。

CO_2は室温ではもちろん気体ですが、うんと冷やされると固体になります。

水を冷やすと氷になるのと同じですね。

水の場合は0℃で固体になりますが、CO_2の場合は約マイナス78℃で固体になります。

これだけ温度が低いものを一緒に入れておけば、アイスクリームや冷凍食品を冷やしておけますね。

しかし、室温で置いていると、ドライアイスは時間の経過とともに気体のCO_2に戻ってしまいます。

水の場合は溶けると液体（水）になりますが、CO_2の場合は気体になってしまうんです。これを「昇華」といいます。

最終的に、ドライアイスは消えてしまいますよね。

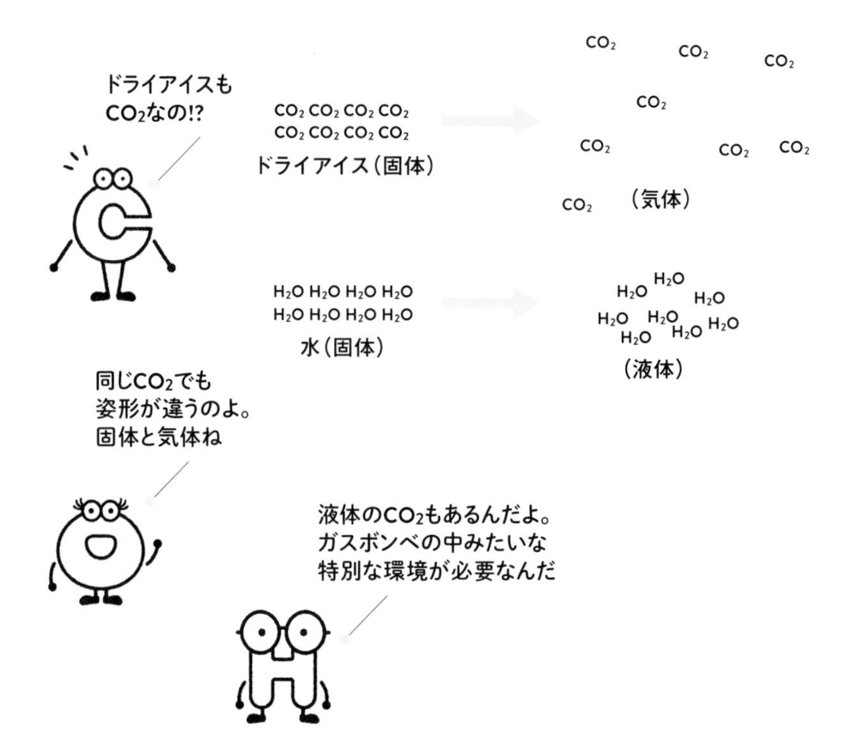

3 お酒(C_2H_6O)

続いて、冷蔵庫に入っている場合と入っていない場合があると思いますが、お酒の話をします。

20歳未満のみなさんは馴染みがないと思いますが、お酒を化学の世界で考えてみましょう。

お酒に強くない人は、お酒を飲むとすぐに酔っ払ってしまいます。

余談ではありますが、著者もその一人です。

これは、お酒の中にアルコールが入っていることが原因ですよね。

化学の世界では、お酒に含まれているアルコールのことを「エタノール」と呼びます。

エタノールの化学式は「C_2H_6O」です。

エタノールC_2H_6Oが体内に入ると、肝臓にある「酵素」と呼ばれる分子と化学反応を起こします。

酵素は化学反応を引き起こす作用を持つ、とても大きな分子のことです(26ページでもう少し詳しく説明しますね)。

その反応の過程を下に示します(式1)。

$$\underset{\text{エタノール}}{C_2H_6O} \xrightarrow{\text{酵素}} \underset{\text{アセトアルデヒド}}{C_2H_4O} \xrightarrow{\text{酵素}} \underset{\text{酢酸}}{C_2H_4O_2} \quad \text{(式1)}$$

エタノールは水素原子が2つなくなったアセトアルデヒドに変換された後、酸素原子が1つ増えた酢酸という分子に変換されます。

続いて、下の式2を見てみましょう。

$$\underset{\text{エタノール}}{CH_3CH_2OH} \xrightarrow{\text{酵素}} \underset{\text{アセトアルデヒド}}{CH_3CHO} \xrightarrow{\text{酵素}} \underset{\text{酢酸}}{CH_3COOH} \quad \text{(式2)}$$

分子の名前は式1と同じですが、化学式の様子が何やら違いますね。

エタノールは「C_2H_6O」ではなく「CH_3CH_2OH」と書かれています。

CとHがひとまとめになっておらず、バラバラに書かれています。

他の2つの分子も同様ですね。

これらは、できるだけ分子の本当の構造に従って表したものです。

これらの分子の模式図を下に示します（式3）。

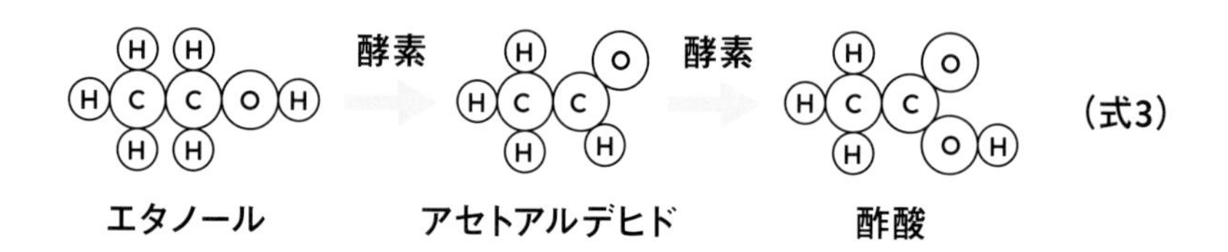

「C」と書かれている円が炭素の原子で、「H」が水素の原子、「O」が酸素の原子です。

言わずもがな、「C」、「H」、「O」は元素記号です。

エタノールを見てみると、左側の炭素原子に3つの水素原子がくっついており（式2ではCH_3に相当します）、右側の炭素原子には2つの水素原子がくっついていますね（CH_2に相当します）。

さらに、右側の炭素原子には酸素原子がくっついており、その酸素原子には水素原子が1つくっついていますよね（OH）。

この模式図と式2を見比べると、式2は分子の構造を反映した化学式であることがわかったと思います。

化学の世界では、このように分子の構造に従って表したほうが理解しやすいケースが多々あるんですよ。

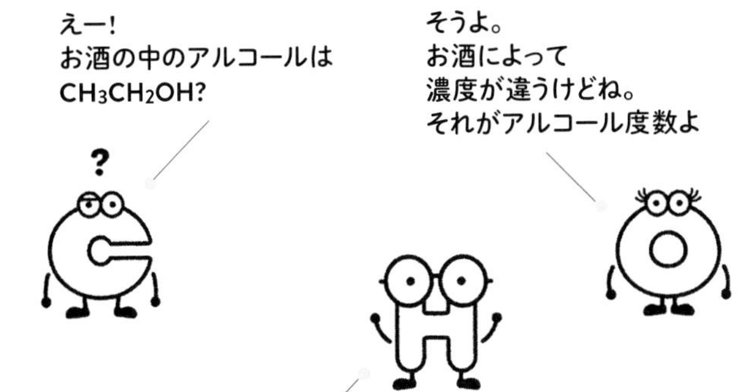
えー!
お酒の中のアルコールは
CH3CH2OH?
そうよ。
お酒によって
濃度が違うけどね。
それがアルコール度数よ
「蒸留」という方法で
CH3CH2OHの濃度を
上げることができるのさ。
これは後ほど説明するよ

さて、もう少しこの反応について考えてみましょう（式4）。

まず、酵素が作用することによって、エタノール中の矢印で示した水素が2つ取れてアセトアルデヒドに変換されます。

続いて、再び酵素の作用によってアセトアルデヒドの酸素原子が1つ増え、酢酸が生成されていますね。

分子の中のどこの原子が増えたり減ったりしているのかがわかると、化学がわかってきた感じがしてきますよね。

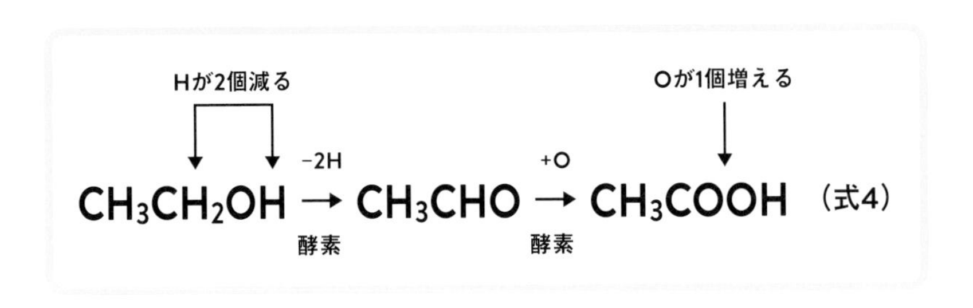
Hが2個減る
Oが1個増える
−2H
+O
酵素
酵素

$$CH_3CH_2OH \xrightarrow[\text{酵素}]{-2H} CH_3CHO \xrightarrow[\text{酵素}]{+O} CH_3COOH \quad \text{（式4）}$$

ちなみに、体内に生じた酢酸は、さらに分解されて体外に排出されます。

このように、体内にはエタノールを変換して体外に排出する化学反応が用意されているわけですね。

しかし、酵素の作用を上回る量のお酒を飲んでしまうと、エタノールやアセトアルデヒドが体内に残ってしまいます。

アセトアルデヒドは頭痛や吐き気を引き起こすため、いわゆる二日酔いの原因になってしまうんですよ。

4 酵素について ～もっと詳しく！～

ここでは、酵素についてもう少し詳しく説明しましょう。

酵素とは、化学反応を引き起こす作用を持つ分子のことでしたね。

じつは、先ほど紹介したエタノールと酵素の反応では、最初の段階と次の段階で異なる酵素が働いています。

エタノールをアセトアルデヒドに変換する酵素は「アルコール脱水素酵素（alcohol dehydrogenase、ADH）」、アセトアルデヒドを酢酸に変換する酵素は「アルデヒド脱水素酵素（aldehyde dehydrogenase、ALDH）」という名前です。

アルコール体質チェック検査を受けたことがある人は、ADHとALDHという略称を聞いたことがあるかもしれません。

酵素を構成する原子は主にCとH、O、N、そしてS（Sは「硫黄」の元素記号です）であり、これまで登場してきた分子とさほど変わりません。

しかし、登場してきた分子と比較すると非常に大きなものです。

例えば、アルコール脱水素酵素やアルデヒド脱水素酵素の質量は、エタノールやアセトアルデヒドの1000倍以上もあります！

とても大きいことが想像できますね。

酵素ってなに!?
体の中にあって、
化学反応を
引き起こしてくれるのよ
くぼみ
酵素

かなり大きな分子なんだよ。
化学反応を引き起こすための
場所(くぼみ)があるのさ。
くぼみに分子を取り込んで、
反応を引き起こすんだ

紹介した2例(ADHとALDH)からわかるように、酵素には種類があり、それぞれ役割が違います。

さまざまな種類の酵素が私たちの中に存在しているんですよ(この本にもたくさん登場します)。

また、同じ種類の酵素でも、酵素を構成する原子の一部が人によって微妙に異なり、作用の程度も変わってきます。

そのため、ADHおよびALDHの作用の程度も人によって異なるので、お酒に強い人と弱い人がいるのです。

ちなみに、2章で述べた呼吸や光合成も、じつは生体内に含まれる酵素がないと進行しなくなってしまうのです。

酵素には
さまざまな種類があるんだ。
それぞれ役割が違うのさ

5 塩（NaCl）

話題は冷蔵庫から離れて、調味料に移ります。

キッチンにはいろいろな調味料が置いてありますが、まずは塩を見ていきましょうね。

塩の化学式は「NaCl」です。

「Na」と「Cl」の元素記号で表される2つの原子から成り立っているんですよ。

「Na」はナトリウムの原子を、「Cl」は塩素の原子を表しています。

NaClは、ナトリウムと塩素が1：1の関係で規則的につながり続けています。

図は平面で表していますが、これが四方八方に配列したものが塩の結晶なんですよ。

この模式図は、ほんの一部分を示しただけです。

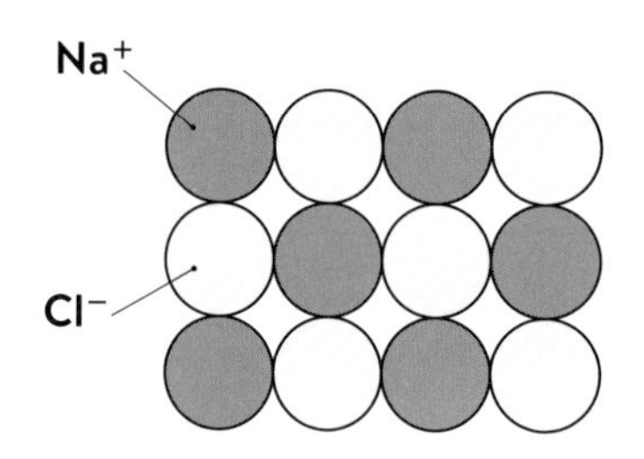

さて、図をよく見てみると、2種類の円には「Na」と「Cl」ではなく、「Na^+」と「Cl^-」と書かれていますね。

元素記号の右上に書かれているプラスの記号は、プラスの電気を帯びていることを意味しています。

一方、マイナスの記号はマイナスの電気を帯びていることを意味します。

ナトリウムはプラスの電気を、塩素はマイナスの電気を帯びやすい性質があるんですよ。

プラスやマイナスの電気を帯びているものをイオンと呼び、「Na^+」は「ナトリウムイオン」、「Cl^-」は「塩化物イオン」と呼びます。

塩の結晶は、プラスの電気を帯びているナトリウムと、マイナスの電気を帯びている塩素が、電気的な力で引き合うことにより、でき上がっているというわけですね。

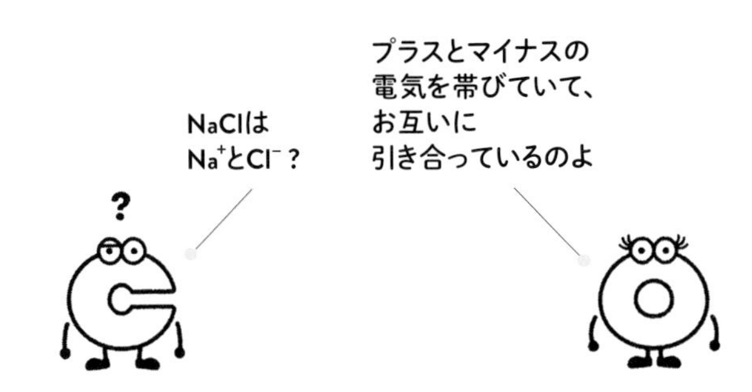

きれいに配列している塩の結晶ですが、水の中に入れるだけで、簡単にバラバラになってしまいます。

つまり、塩が水に溶けるということです。

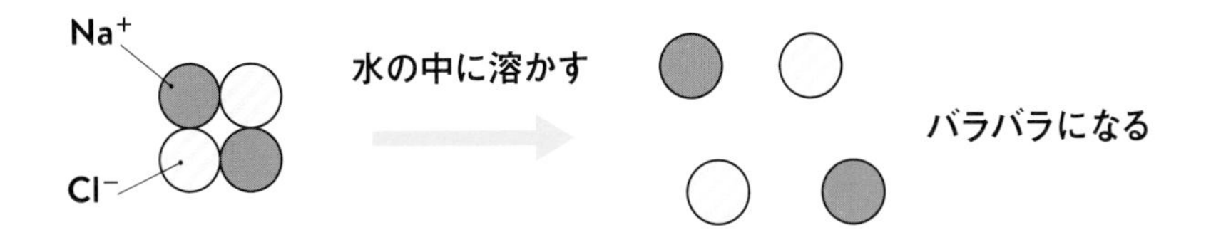

通常、原子同士を引き剥がすことは、そう簡単ではありません。

H_2のH、そしてO_2のOを引き剥がすためには、燃やさなくてはなりませんでした（9ページ）。

また、摂取したCH_3CH_2OH（エタノール）の原子を引き剥がしてCH_3CHOに変換するためには、酵素という特別な分子を必要としました（23ページ）。

その一方で、なぜNaClは水の中に入れるだけで容易にバラバラになってしまうのでしょうか？

その疑問に答える前に、水の分子であるH_2Oについて少し詳しく説明しますね。

H_2Oはイオンではありませんが、少しだけ電気を帯びています。

このようなとき、化学では「少し」という意味のδ（デルタ）を用いて、下記のようにδ+やδ−で表します。

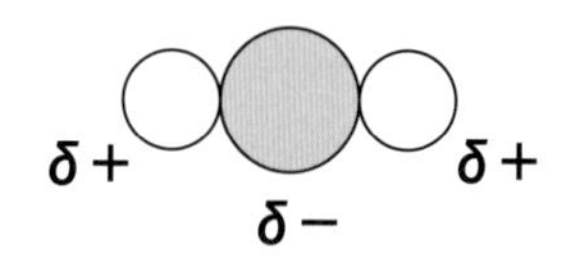

水の分子 H_2O

ご覧のとおり、酸素はマイナスの電気を帯びやすく、水素はプラスの電気を帯びやすいんですよ。

ちなみに、プラスの電気を帯びやすいか、マイナスの電気を帯びやすいかは、原子の種類によって異なります。

プラスの電気を帯びやすい原子……水素H、ナトリウムNa
マイナスの電気を帯びやすい原子…酸素O、塩素Cl、窒素N、フッ素F
どちらでもない原子…………………炭素C

水の分子の特徴がわかったところで、塩の話に戻りましょう。

次に示したのは、NaClを水に溶かして食塩水をつくっているところの図です。

ナトリウムイオン（Na^+、プラスの電気）はH_2OのO（δ−）と、塩化物イオン（Cl^-、マイナスの電気）はH_2OのH（δ+）と引き合っていますね。

この作用により、NaClはいとも簡単にバラバラになり、水に溶けます。

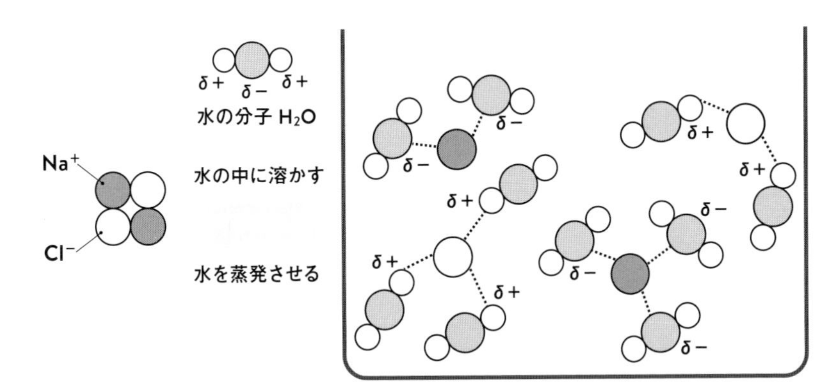

水の中に入れると、
H_2Oのδ+とδ−の影響を
受けてバラバラになるのさ

ところで、商品として売られている塩は、どこから得られるのでしょうか?

塩がたくさんある場所といえば……海ですよね。

海水を干上がらせて、NaClを取り出しているのです。

じつはこの方法、NaClを水の中に溶かす操作の反対の操作を意味しているんですよ。

上の図でいえば、海は右側に示した図に相当します。

NaClがH_2Oに溶けている状態ですからね。

そこからH_2Oを蒸発させると、図の左側に示すように、NaClが固体として姿を現します。

このようにして塩を取り出し、商品にするわけです。

もう一つ、塩に関するお話をしましょう。

「塩漬け」という言葉をご存じでしょうか?

魚や肉、野菜、梅の実などの食品を塩に漬けて保存する方法で、味つけと長期保存を目的としています。

なぜ、塩に漬けると食品が腐りにくくなり、長持ちするのでしょうか?

そもそも食品が腐る原因は、食品中に含まれる微生物が大量に増えるためです。

微生物が増えるためには、そして生きていくためには、私たちと同様に水が必要です。

梅雨など、湿気が多くてジメジメしている時期は食品が腐りやすいですよね。

したがって、食品から水を取り除くことが、長期保存のカギになります。

塩($NaCl = Na^+$とCl^-)は先ほど述べたとおり、水(H_2O)と引き合いやすい性質をもっていました。

そのため、食品中の水をよく吸い取り、微生物が大量に増えるのを防いでくれるんですよ。

6 砂糖($C_{12}H_{22}O_{11}$)

さて、引き続き調味料を見ていきましょう。

ここでは砂糖を取り上げますね!

砂糖の主な成分は、私たちに甘みを感じさせてくれる素敵な分子、「スクロース(ショ糖)」です。

スクロースの化学式は「$C_{12}H_{22}O_{11}$」で表されます。

スクロースは、グルコース($C_6H_{12}O_6$)とフルクトース($C_6H_{12}O_6$)という分子がくっついた構造をもちます。

グルコースは呼吸と光合成のところで登場しましたよね。

フルクトースという分子は初めて出てきましたが、化学式をよく見てみると、グルコースと同じ「$C_6H_{12}O_6$」です。

同じ化学式なのに、名前が違いますね。

これはいったいどういうことなのでしょうか?

じつは、同じ化学式でも、複雑になるほど、さまざまな構造をもつようになり、それらは違う分子になります。

下にグルコースとフルクトースの構造を詳細に示しました。

今までのように円を使わずに、元素記号と、原子と原子を結ぶ線で表しました。

ご覧のように、とっても複雑な構造です。

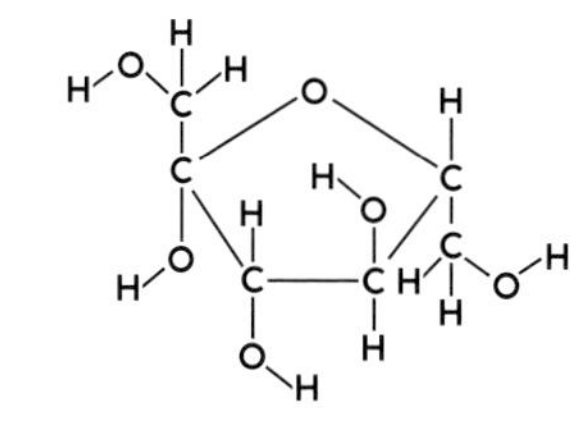

グルコース $C_6H_{12}O_6$
C×5、O×1を使って輪っかをつくっている

フルクトース $C_6H_{12}O_6$
C×4、O×1を使って輪っかをつくっている

複雑!!
そうね。
けど、特徴を把握できれば
理解できるわ

非常に難しい感じがしますが、グルコースとフルクトースで構造が大きく異なる点は、六角形か五角形か……というところです。

グルコースは$C_6H_{12}O_6$のうち、Cを5個、Oを1個使って輪っかをつくっていますね。

一方、フルクトースは$C_6H_{12}O_6$のうち、Cを4個、Oを1個使って輪っかをつくっています。

また、共通の特徴もあります(この特徴は重要です!)。

それは、この2つの分子は、酸素Oと水素Hがくっついた部分をたくさんもっていることです。

次の図で、色をつけた部分を見てください。

この部分を「水酸基(すいさんき)」と呼んでいます。

水酸基は大切なので、ぜひ覚えておいてください。

水酸基

グルコース $C_6H_{12}O_6$　　フルクトース $C_6H_{12}O_6$

このように、同じ化学式$C_6H_{12}O_6$で表される分子であっても、詳細な構造は異なるというわけなんです。

ここから先は、これらの輪っかの特徴を反映して、グルコースとフルクトースを下の模式図で表すことにしますね。

グルコースが六角形、フルクトースが五角形の図です。

それぞれGlucoseの「G」、Fructoseの「F」を表記しておきます。

特徴的な部分である「水酸基」も、2つの円を使って1個だけ書いておきましょう。

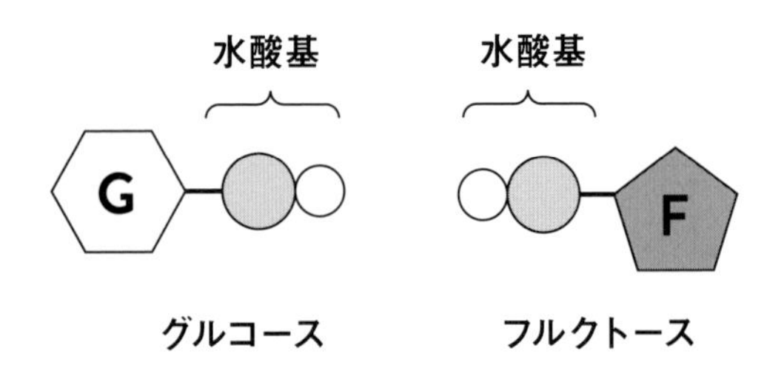

よく見てみると、この水酸基は、すでに何回か登場している水の分子（H_2O）と似ていますね。

そのため、水酸基は水の性質と似ているところがあります。

このことは後にポイントとなりますので（38ページ）、記憶の片隅に置いておいてください。

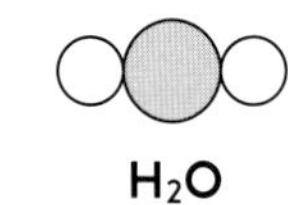

さて、砂糖の話に戻りましょう。

砂糖の主成分であるスクロースは、グルコースとフルクトースがくっついた構造をもつ分子であることはお話ししましたよね。

グルコースの水酸基とフルクトースの水酸基から、水素原子2個と酸素原子1個、つまり水（H_2O）を取り去り、2つの分子をくっつけてみましょう。

このようにして結ばれた分子が、スクロースです。

計算すると合うはずです。

$C_{12}H_{22}O_{11}$（スクロース）のうち、Cの12は6×2＝12、Hの22は12×2＝24から水分子のHを2つ引いて24−2＝22、Oの11は6×2＝12から水分子のOを1つ引いて12−1＝11であり、$C_{12}H_{22}O_{11}$になりますね。

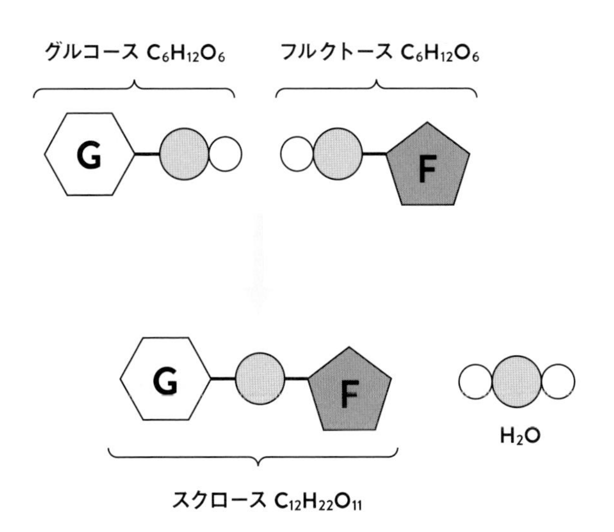

ちなみに、スクロースを模式図で表さずに詳細に描くと、下のようになります。

複雑な構造であることがわかると思います。

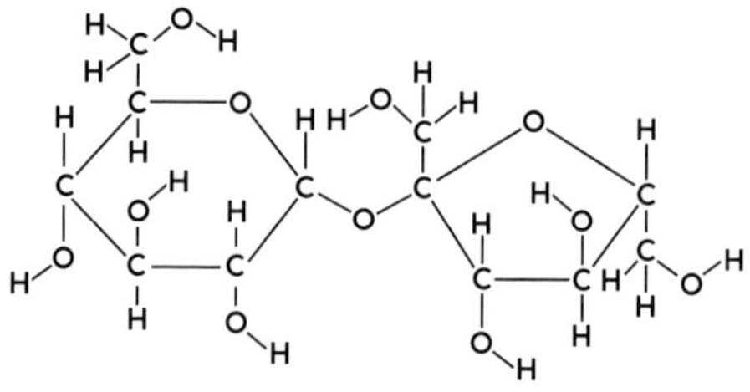

スクロース $C_{12}H_{22}O_{11}$

ところで、31ページで「塩は海から得られる」という話をしましたが、砂糖（スクロース）はどこから得られるのでしょうか?

その答えは……植物からです。

植物が光合成でグルコースをつくっていることはすでに紹介しましたが、それ以外にスクロースもつくっているんですよ。

「甘蔗（かんしょ）（サトウキビ）」と「てん菜（サトウダイコン）」という植物は光合成の能力が高く、スクロースをたくさんつくることができます。

そのため、これら2つの植物は砂糖の代表的な原料になっているというわけですね。

私たちが砂糖を食べると、その主な成分であるスクロースが、腸にある「スクラーゼ」と呼ばれる酵素でグルコースとフルクトースに分解されます。

ここでも、体の中にある酵素が化学反応を引き起こしているわけですね。

化学反応式で書くと、次のようになります。

$$\underset{\text{スクロース}}{C_{12}H_{22}O_{11}} + H_2O \xrightarrow{\text{スクラーゼ}} \underset{\text{グルコース}}{C_6H_{12}O_6} + \underset{\text{フルクトース}}{C_6H_{12}O_6}$$

グルコース（$C_6H_{12}O_6$）は呼吸に使われ、エネルギーを生み出すもとになることはすでに述べました（17ページ）。

このことから、砂糖は私たちにとって重要なエネルギー源になることがわかりますね。

7 砂糖と水の関係 ～もっと詳しく！～

さて、塩のところで「塩漬け」の話をしましたが、「砂糖漬け」もあるのをご存じでしょうか?

砂糖の主成分であるスクロースも、塩と同様に水をよく吸います。

そのため、やはり微生物の繁殖を抑えることができ、食品の長期保存に役立つんですよ。

砂糖と塩は化学式がぜんぜん違いますが、水をよく吸い取ることができるという、よく似た性質があります。

よくよく考えてみるとそれは当然のことで、砂糖も塩と同様に、水に簡単に溶けるわけですからね。

NaClがそうだったように、スクロース（$C_{12}H_{22}O_{11}$）もH_2Oと何らかの力で引き合っていることが予想されます。

塩の場合は、塩の結晶NaClがH_2Oと電気的に引き合い、バラバラになることにより溶けるんでしたよね（Na^+とCl^-、31ページ）。

砂糖の場合は、スクロース（$C_{12}H_{22}O_{11}$）自体がバラバラになることはなく、イオンにもなりません。
スクロースが水に溶けやすい理由は、この分子がもつ「水酸基」にあります。
34ページでは、水酸基が水と似ていることがポイントであるとお伝えしました。
水の分子に話をいったん戻しましょう。
酸素Oはマイナスの電気に偏りやすく、水素Hはプラスの電気に偏りやすいんでしたね。
下の図に示したように、水素Hは$\delta+$に、酸素Oは$\delta-$に帯電しています。
このδ（デルタ）は「少し」の意味でした。
水の分子と同様に、水酸基も電気をわずかに帯びているので、お互いの性質は似ていることが予想できますよね。

次に、スクロースの模式図で考えてみましょう。
スクロースの詳細な構造を36ページに示しましたが、これらの分子は水酸基をたくさんもっていますよね。
次の図は、（雑然としていますが）すべての水酸基を表したスクロースを表しています。
水に溶かすと、スクロースがもつ水酸基と、周囲に存在する水のプラス（$\delta+$）とマイナス（$\delta-$）が引き合います。
ナトリウムイオン（Na^+）や塩化物イオン（Cl^-）のときと同じように、水の分子と溶かしたい分子が引き合っていますね。
スクロースは水酸基を合計8つももっているため、水の分子と引き合いやすいのです。

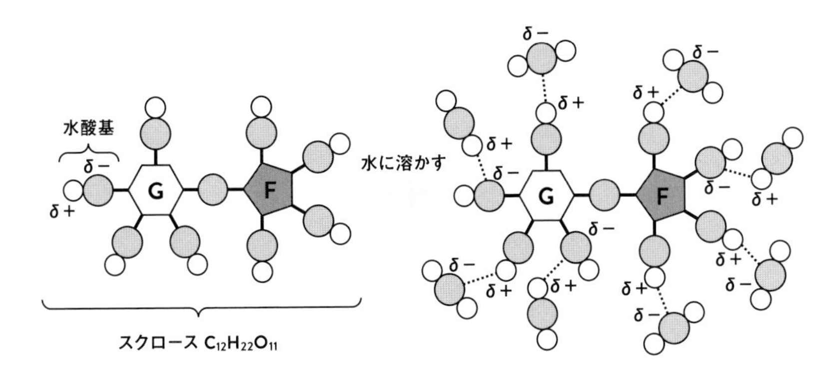

水に似ている
OHがたくさん
δ-δ+
くっついていることが
ポイントだよ

砂糖を水に入れると、この作用の影響で水に簡単に溶けるのです。
その様子を非常にシンプルな模式図で示してみますね。
まず、スクロースを次のように表します。

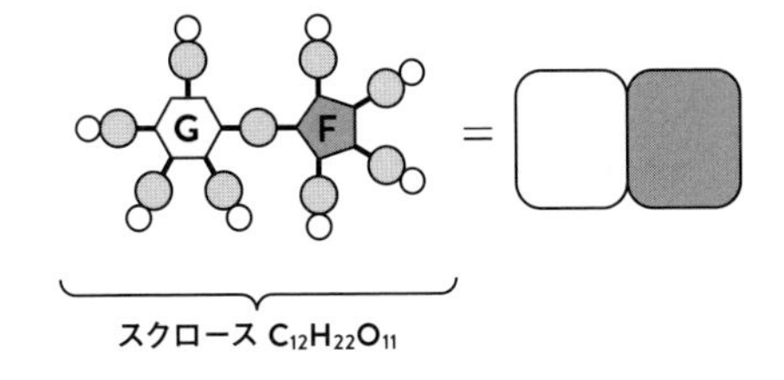

次に示した図の左側は、スクロースの分子が集まったもの……つまり砂糖です。
砂糖を水に入れると、水酸基と水が上記の理由で引き合い、集まっていたスクロースたちがバラバラになります。
すなわち、砂糖が水に溶けるということですね。

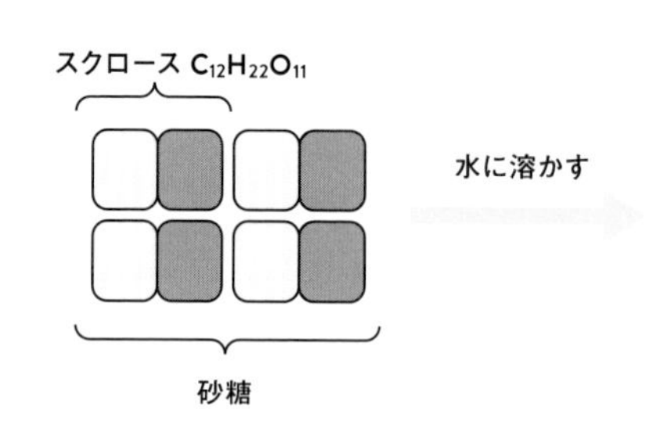

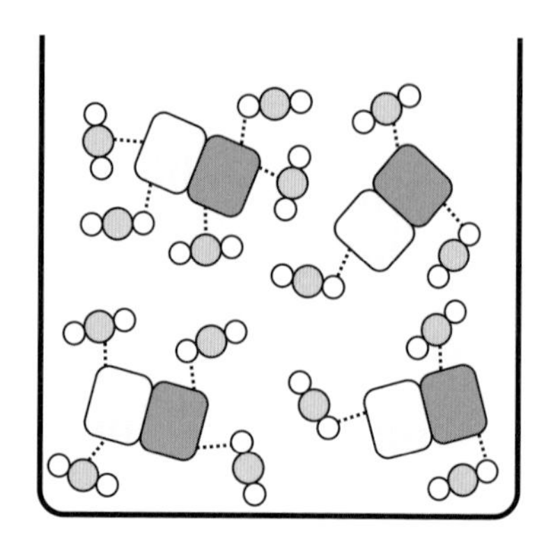

8 塩と砂糖の味 ～もっと詳しく！～

これまで、塩と砂糖について述べてきました。

塩と砂糖……これらは共に古くから使われており、紹介したとおり共通点が多いんですよ。

まず、塩は海、砂糖は植物といったように、自然から得ることができます。

また、両者とも水に溶けやすいんでしたね。

さらに、その脱水効果により、食料の保存に役立つという話でした。

このように共通点が多いのですが、決定的な違いがあります。

それはもちろん……「味」ですよね！

ご存じのとおり、塩はしょっぱくて、砂糖は甘い調味料です。

さて、そもそも私たちは、どのようにして味を感じているのでしょうか？

正解は……舌の「細胞」を介して脳に情報が伝わり、味を感じているのです。

それでは、「細胞」とはどのようなものなのでしょうか？

人間の体は細胞が集まってできています。

細胞は、これまで扱ってきた分子よりもっともっと大きなものなんですよ。

これまでに何度か登場している酵素よりも大きいサイズです。
具体的な数字で比較してみましょう。
例えば、水素原子は約0.1 nm、水の分子は約0.4 nmの大きさです。
1 nm（ナノメートル）は1 mmの100万分の1の大きさです。

めちゃくちゃ
小さい!
ナノテクノロジーとか
ナノマシンとか、
ニュースやSFの物語で
耳にするわね

それでは、酵素はどのぐらいの大きさでしょうか?
もちろん酵素の種類によって大きさは異なりますが、初めて構造が明らかにされた「リゾチーム」という酵素の直径は約4 nmです。
最も単純な酵素の一つとして知られています。

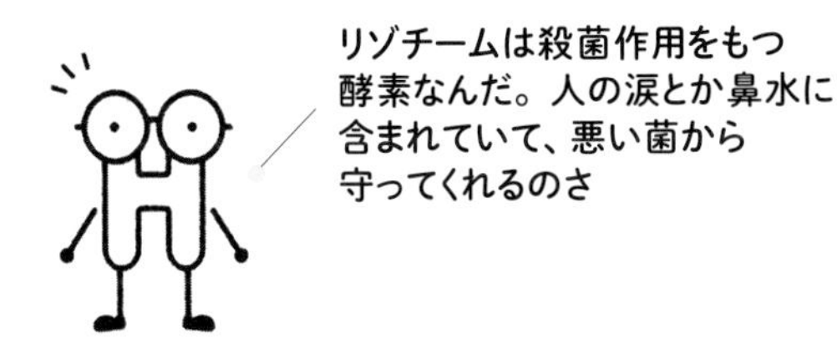

リゾチームは殺菌作用をもつ
酵素なんだ。人の涙とか鼻水に
含まれていて、悪い菌から
守ってくれるのさ

病気の原因としてよく耳にする「ウィルス」はどのぐらいの大きさでしょうか?
これも種類によって大きさが異なりますが、だいたい100 nm前後です。
それに対して、人間の細胞の多くは1万～10万 nm［10～100 μm（マイクロメートル）、1 μmは1000 nm］ぐらいの範囲にあり、酵素やウィルスと比較すると、とても大きいのです。
ミリメートル（mm）に直すと、0.01 mmから0.1 mmですね。
比較的大きいとはいえ、通常の定規の最小単位である1 mmにも満たない大きさです。

英語では細胞を「cell」といい、もともとは小さな部屋という意味です。
さまざまな種類があり、その名のとおり部屋のような形をしているものもあれば、そうでないものもあり、役割も多岐にわたります。
人間の体は、それらの細胞がおよそ37兆個（!）も集まってできているといわれているんですよ。

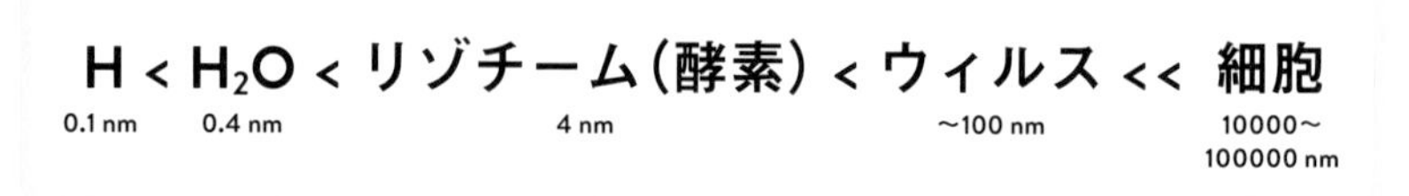

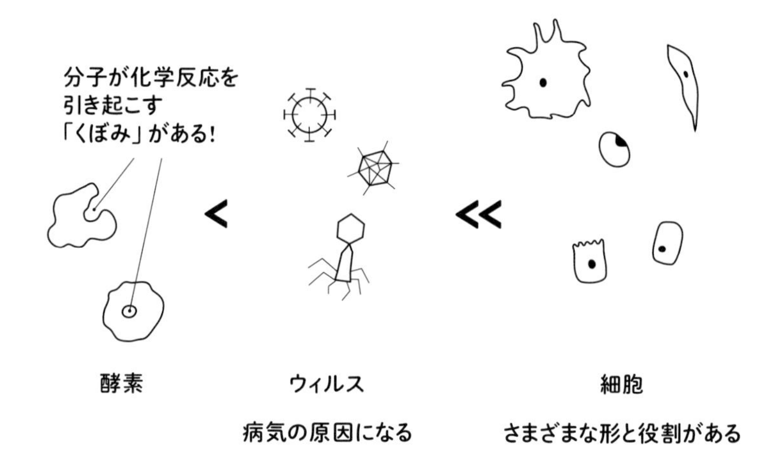

最近の研究で、味覚を伝える細胞には、いくつかの種類があることがわかってきました。
砂糖は「II型細胞」と呼ばれる細胞に、塩は「III型細胞」と呼ばれる細胞に作用していることが明らかになっています。
「I型細胞」も存在しますが、味を脳に伝えるという機能は現在のところ見つかっていないそうです。

下の図に示すように、砂糖はスクロースがII型細胞にくっつくと、塩はナトリウムイオン（Na^+）がIII型細胞の中に入り込むと、それらが合図となり、電気信号や化学物質を介して、味覚を司る神経（味覚神経）へとその情報が伝わります。

その情報が脳に伝達され、「しょっぱい」もしくは「甘い」という味覚を感じるわけですね。

なお、スクロースが細胞にくっつく位置は特定されています。

分子がくっつくこのような位置のことを「受容体」と呼びます。

この用語はこの先も何度か登場するので、覚えておいてください。

また、Na^+が通過するポイントも特定されています。

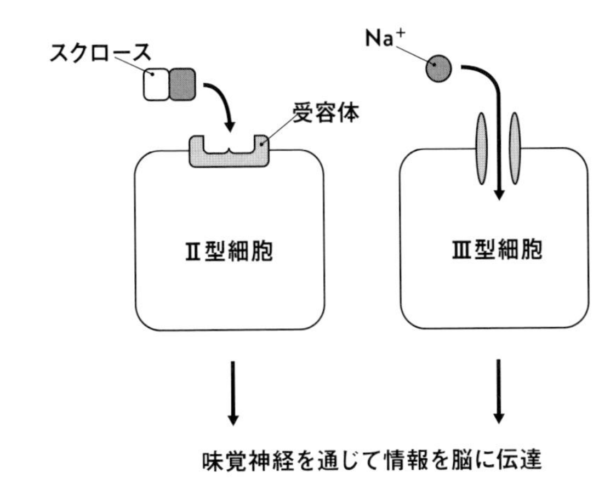

ちなみに、詳細は明らかになっていませんが、NaClの塩化物イオン（Cl^-）も細胞のどこかに作用していると考えられています。

9 お米 $(C_6H_{10}O_5)_n$

次は、お米の話をしましょう。

炊き上がったお米や炒めたお米、電子レンジでチンして食べるお米など、毎日食べている人も多いと思います。

とても大切な食材ですが、どのような成分が含まれているのでしょうか?

お米の主な成分は「デンプン」です。

デンプンももちろん分子なので、この分子を通して、お米の化学を見ていくことにしましょう。

デンプンは、次の化学式で表すことができます。

$$(C_6H_{10}O_5)_n$$

今までの化学式と異なり、カッコで括(くく)られた後に右下に小さくnと書かれていますね。nは「ある数」を表します。nが3だったら、$C_6H_{10}O_5$という構造が3つ結びついていることを意味しているのです。

つまり、$C_6H_{10}O_5$という構造が、繰り返し結びついているという意味です。

$(C_6H_{10}O_5)_n$のnは200から300にも及ぶんですよ。

じつは、何度か登場している「グルコース」が繰り返し結びつき、つながっていくと、デンプン（$(C_6H_{10}O_5)_n$）になるんです。

その様子を、模式図で表しました。

グルコースの水酸基は省略せずにすべて描いてあります。

ちなみに、スクロース（$C_{12}H_{22}O_{11}$）は、グルコース（$C_6H_{12}O_6$）とフルクトース（$C_6H_{12}O_6$）から水（H_2O）が取り除かれて結びついた構造をもつ分子でしたよね（35ページ）。

そのときと似ているので、思い出してもらえればと思います。

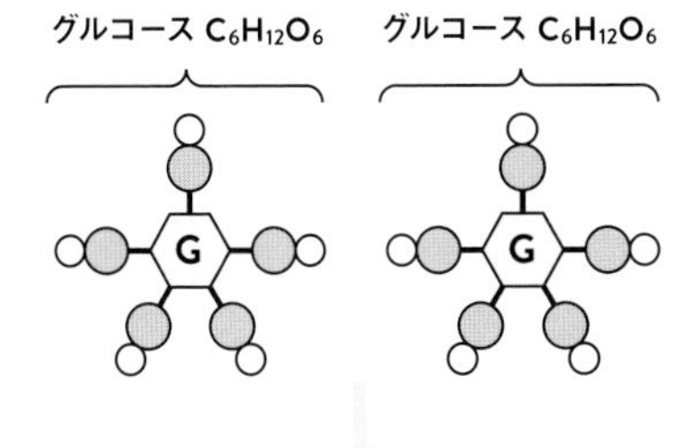

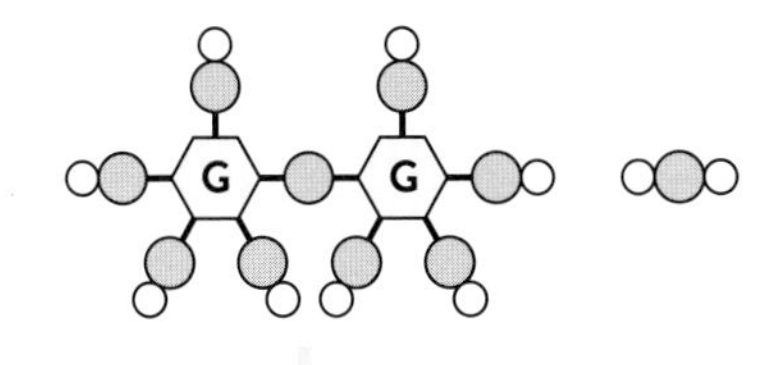

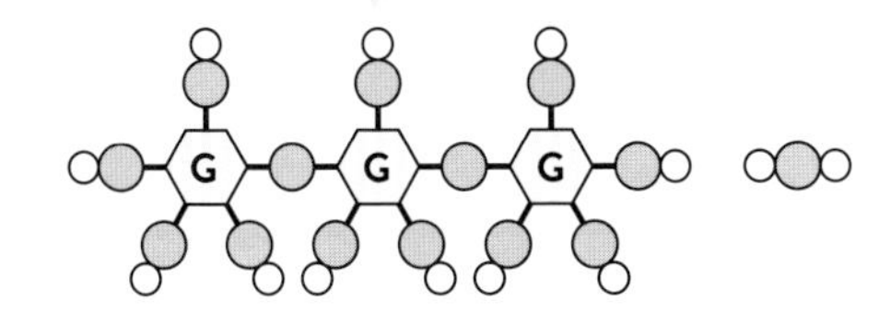

200〜300個つながったものがデンプン

グルコースが2個、3個とつながり、最終的に200から300個つながったものになるわけですね。

このように、ある分子が繰り返し結びつき、つながっている分子を「高分子」と呼んでいます。

さて、デンプンを簡単な模式図で表すと、下のようになります。

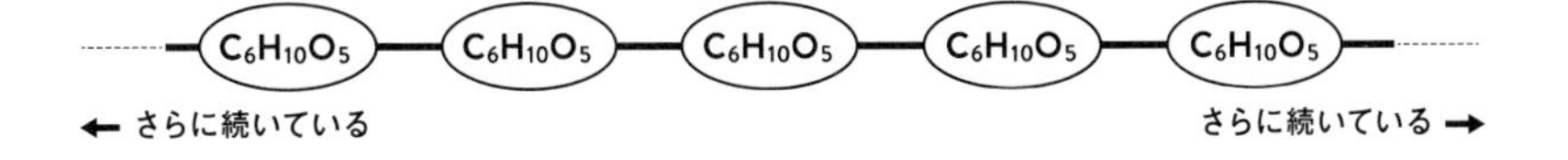

グルコース（$C_6H_{12}O_6$）が1つつながるごとに、H_2Oが1個だけ取り除かれるので、$C_6H_{10}O_5$という構造が繰り返し結びついた構造になります。

じっくり考えてみると、両端にHとOHが残るはずですが、よく省略されて表記されます。

これで、最初に示した化学式 $(C_6H_{10}O_5)_n$ になりましたね。

実際には、下に示すように一定の間隔で回転しています。

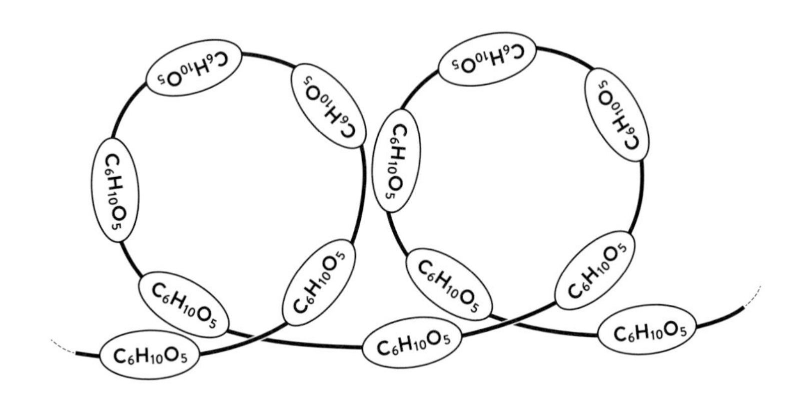

では、同じお米でも食感がまったく異なる「もち米」はどうでしょうか?

同じお米ですが、食感はモチモチしており、とても同じ分子からできているとは思えません。

もち米の化学式は次のとおりです。

$$(C_6H_{10}O_5)_n$$

もち米も、うるち米（普通のお米）と同じ化学式であり、デンプン $(C_6H_{10}O_5)_n$ から成り立っています。

化学式が同じなのに、なぜ食感に違いが出るのでしょうか?

この違いを探っていきましょう。

じつは、デンプンは、化学の世界では「アミロース」と「アミロペクチン」という2つの高分子に分類されています。

先ほど詳しく説明したデンプンは「アミロース」のことなのです。

同じ化学式 $(C_6H_{10}O_5)_n$ で表される「アミロペクチン」は、どのような分子なのでしょうか?

化学式ではなく、構造に着目して考えてみましょう。

アミロースは、グルコースが直線状につながっている高分子でした。

一方、アミロペクチンは、グルコースが一部枝分かれをしてつながっています。

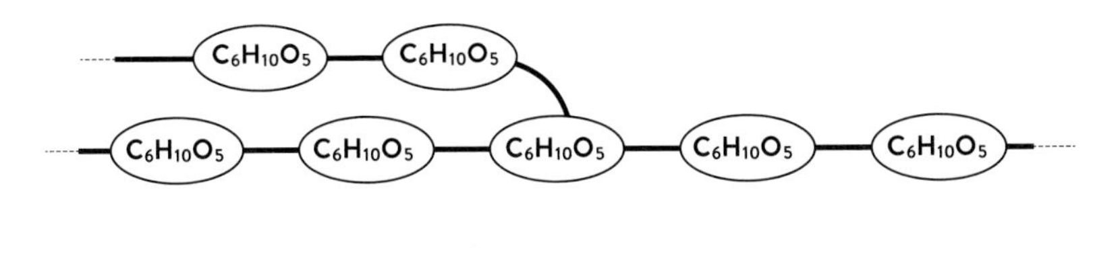

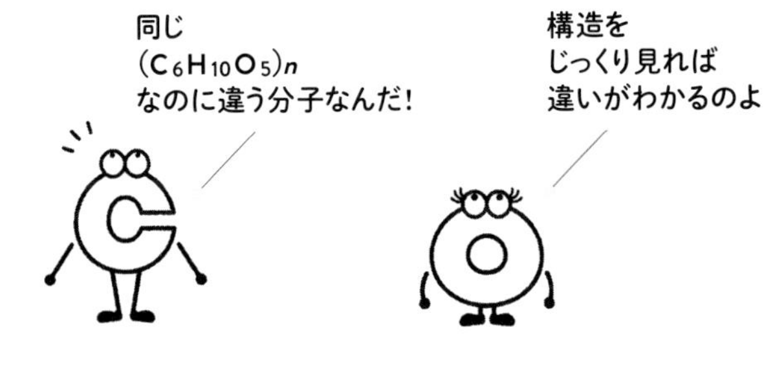

アミロペクチンの枝分かれについて、さらに詳しく構造を見ていきましょう。

次に、グルコースが3つつながっている分子を示しました。

やはり水酸基は省略していません。

枝分かれのポイントでは、これまでとは異なる位置の水酸基でグルコースと結びついています。

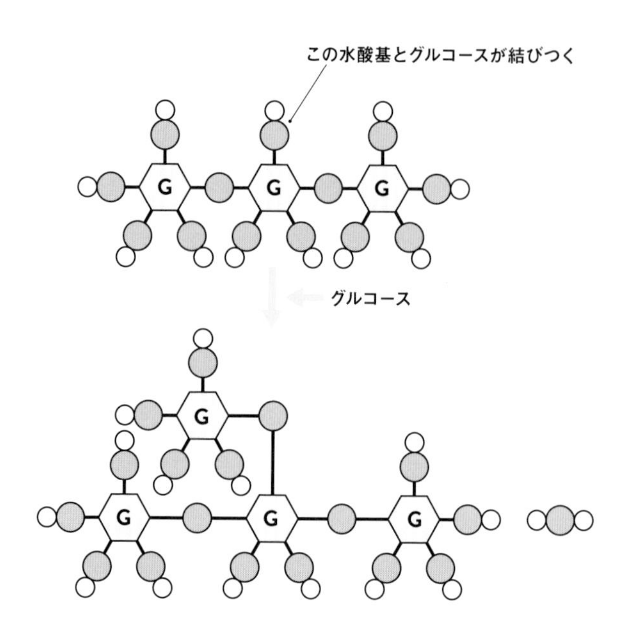

グルコースがたまに枝分かれしながら、2000から3000個もつながっている分子がアミロペクチン（$C_6H_{10}O_5)_n$なんです（n = 2000～3000）。

下の図は、アミロペクチンを少し遠くから見た図です。

矢印が指し示す箇所で枝分かれしていることがわかりますね。

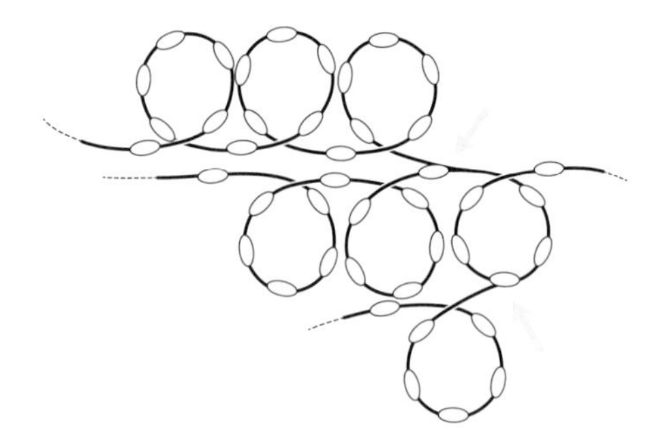

うるち米ともち米のどちらになるかは、アミロースとアミロペクチンが含まれる割合で決まってくるんです。

うるち米の中のデンプンには、アミロースが20～25%前後含まれており、じつはアミロペクチンも75～80%含まれています。

一方で、もち米の中に含まれているデンプンは、アミロペクチンがほぼ100%なんですよ。

不思議なもので、つながり方が違うものの割合が変わっただけで、食感が大きく変わってしまうんです。

お米に含まれている
アミロースとアミロペクチンの
割合がカギなのさ

ここでは、グルコースをつなげてアミロースとアミロペクチンがつくり出される様子を説明してきました。

実際の生体内（稲などの植物）では、酵素や他の分子も協力しながらつくり出されており、少しばかり複雑です。

そのため、本書では簡単に説明しました。

先に述べた、甘蔗などの植物内でつくられているスクロース（グルコース+フルクトース）も同様です。

10 輪っかの分子「シクロデキストリン」~もっと詳しく!~

ここでは、デンプンからつくられるユニークな分子を紹介します。
難しいけど面白いので、ぜひついて来てください!

デンプン、つまり（$C_6H_{10}O_5$)$_n$に「シクロデキストリン生成酵素」と呼ばれる酵素を作用させると、グルコースが6個から8個つながったまま輪っかになった分子ができます。

これらは、シクロデキストリンと呼ばれている分子であり、グルコースの個数に応じて名前がつけられています。

グルコースが6個分で輪っかになった分子が「α（アルファ）-シクロデキストリン（$C_{36}H_{60}O_{30}$）」、7個のものが「β（ベータ）-シクロデキストリン（$C_{42}H_{70}O_{35}$）」、8個のものが「γ（ガンマ）-シクロデキストリン（$C_{48}H_{80}O_{40}$）」です。

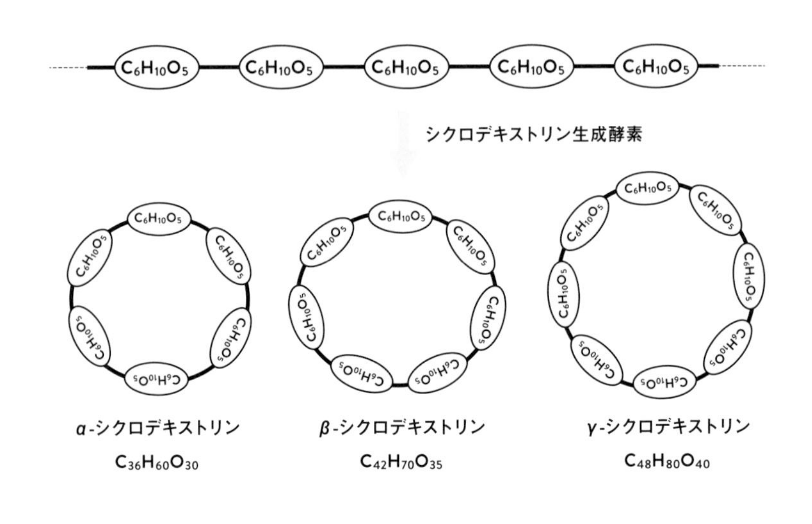

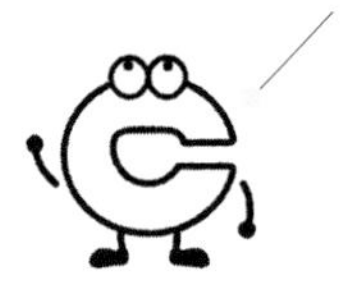

シクロデキストリンは、トウモロコシに含まれているデンプンから、シクロデキストリン生成酵素を利用する方法によって工業的に生産されています。

これらの分子の特徴は、見てのとおり輪っかであることですね。

グルコースとフルクトースもそれぞれ六角形と五角形の構造をもっていましたが、それらの分子と違って大きな輪っかなんです。

この輪っかは構造が特徴的であるというだけではなく、内側の空洞に分子を取り込むという面白い性質をもっているのです。

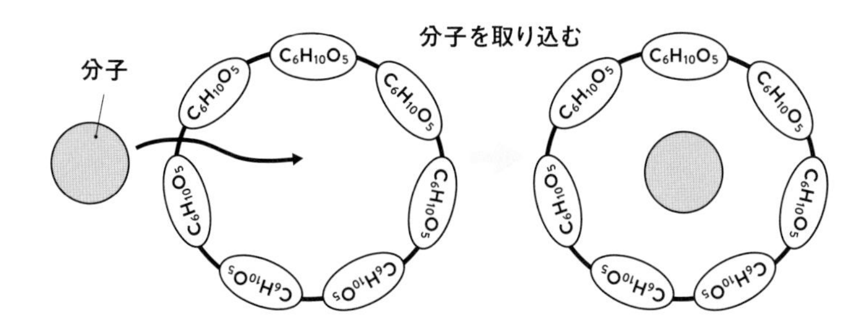

取り込むだけではありません。
取り込んだ分子を徐々に放出するという性質もあります。

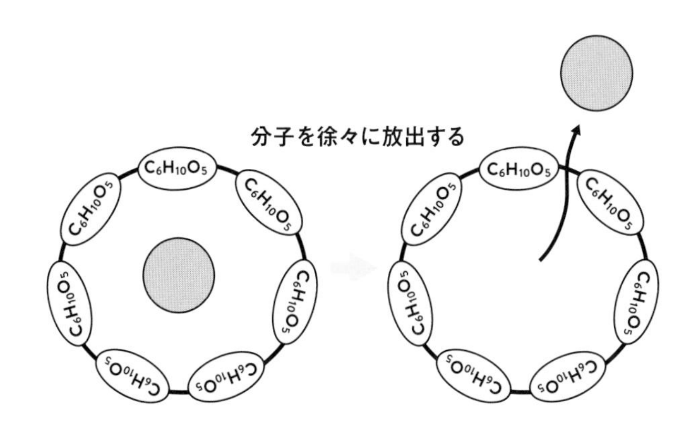

この特徴的な性質は、さまざまな用途を生み出します。
例えば、家庭用の消臭芳香剤に利用されているんですよ。
霧状の液体を噴射するタイプのものです。
これらの中には、シクロデキストリンが含まれているものがあります。
実際には、β-シクロデキストリンを化学反応により少しだけ変化させた「メチル化β-シクロデキストリン」という分子が使われています。
もちろん、輪っかの構造はそのままです。

商品の成分名には
「環状オリゴ糖」
と書かれているんだよ

消臭芳香剤といえば、気になる匂いを消して（消臭）、いい香り（芳香）を漂わせるわけですが、そもそも、私たちはどのようにして、それらを感じているのでしょうか？

私たちが気になる匂いやいい香りを感じることも、分子が関係しています。

いい香りがする分子や匂い分子は、気体として存在しています。

空気中を漂うそれらの分子が、私たちの鼻を通して、香りとして伝わってきます。

匂いを感じさせる分子が鼻の中の細胞にある受容体（分子がくっつく場所）にくっつくと、やはり化学物質や電気信号を介して嗅覚を司る神経に情報が伝わります。

ちなみに、嗅覚を司る神経は嗅神経と呼ばれています。

私たちに匂いを感じさせる分子にはさまざまな種類があり、それらの受容体にもいろいろな種類があるんですよ。

人間には約400種類もの受容体があり、匂いを感じ取っているわけです。

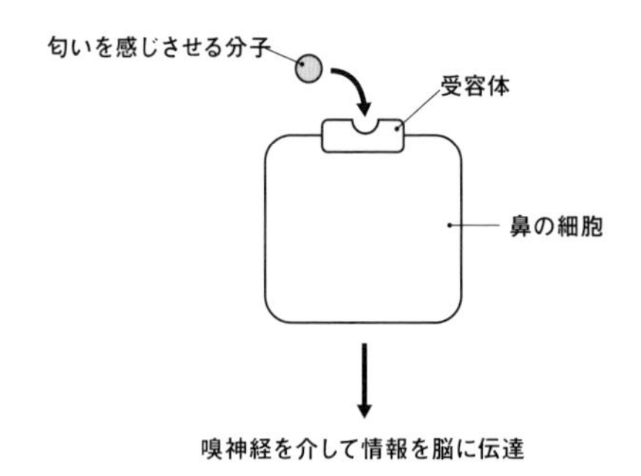

さて、消臭芳香剤に話を戻しましょう。

あらかじめシクロデキストリンにいい香りがする分子を取り込ませておきます。

それが徐々に解き放たれるとともに、嫌な匂いがする分子を取り込んでいきます。

このようにして、いい香りを漂わすとともに嫌な匂いを取り去り、消臭芳香剤としての役割を果たしてくれるんですね。

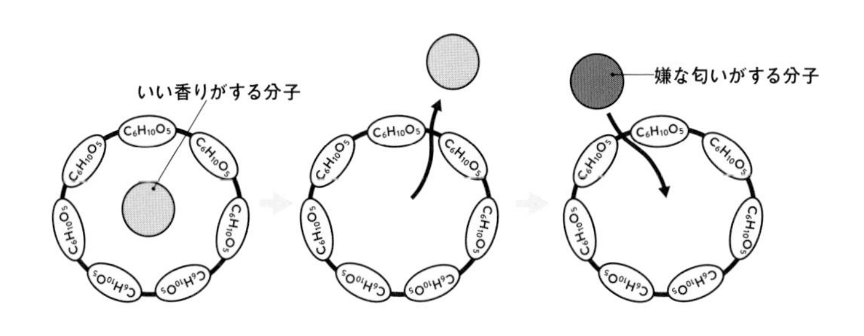

取り込むことができるのは、嫌な匂いがする分子だけではありません。

「味」の分子も取り込むことができます。

私たちが味を感じるのも、分子が働くからでしたよね(43ページ)。

シクロデキストリンが「味」を感じさせる分子を取り込んで、私たちに何かいいことがあるのでしょうか?

例えば、シクロデキストリンはお茶の苦味や渋みを感じる分子を取り込むことができます。

お茶の苦味や渋みには「カテキン」と呼ばれる分子が関わっています。

カテキンは体脂肪を減らす効果が示されているんですよ。

ただ、実際に体脂肪を低減できるだけの効果を得るためには、かなりの量のカテキンを体内に取り入れなければなりません。

そのため、カテキンが多めに含まれたお茶が健康食品として売られています。

しかし、お茶の中に含まれるカテキンの濃度が高いと、苦味や渋みが強くなり過ぎて飲みづらくなってしまいます。

そこで、シクロデキストリンをお茶にあらかじめ含ませておきます。シクロデキストリンがカテキンを取り込むことにより、苦味や渋みを抑えて飲みやすくしているというわけです。

意外なところに
シクロデキストリンが
使われていたわね

11 油や脂身の分子

さて、少しばかり脱線しましたが、キッチンの話に戻ります。

ここでは、調理に欠かせない「油」について、化学の視点から考えてみましょう。

油というと、サラダ油のように液体のものを思い浮かべると思います。

油っぽい食べ物としては、お肉の脂身(あぶらみ)やバターのようなものが挙げられます。

こちらは固体ですよね。

化学の世界では、液体のものを「油」、固体のものを「脂肪」と区別しており、これら2つを合わせて「油脂」と呼んでいます。

さて、油脂はどのような構造をもつのでしょうか?

油脂には、さまざまな構造をもつ分子が含まれているんですよ。

次の図は油脂の構造を示しています。

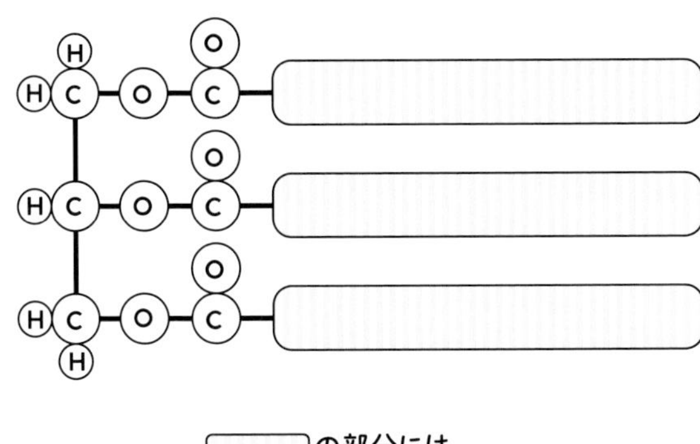

の部分には
いろいろな構造が
当てはまるのよ

左側から、水素原子の「H」と書かれている円が5つ、炭素の「C」が3つ、それに酸素の「O」が3つありますね。

真ん中あたりには、炭素Cと酸素Oが3個ずつあります。

これらの部分が油脂に共通した構造です。

右側には模式図で表した横長の部分がありますね。

この部分には、さまざまな構造が当てはまります。

例えば、次の図の4つの構造です。

今度は原子を円で表さずに、元素記号と、原子と原子を結ぶ線だけで表してみますね。

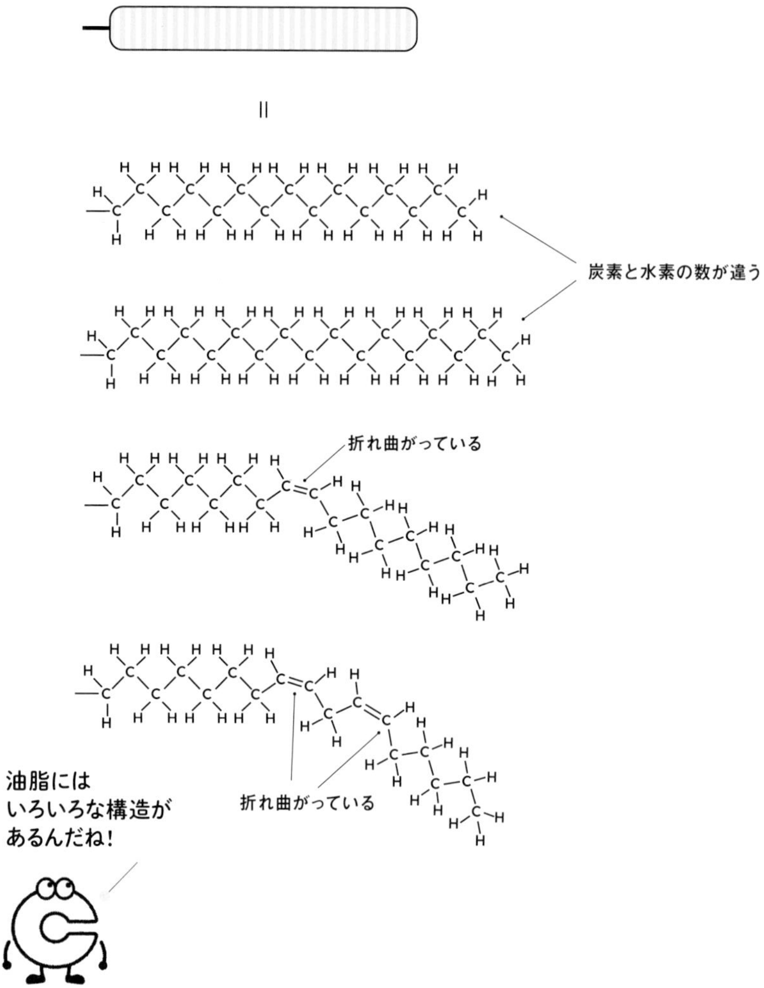

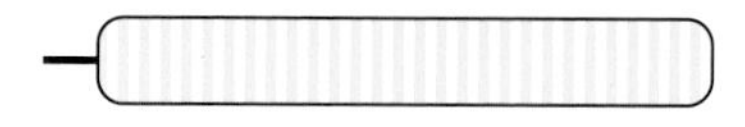

＝

炭素と水素の数が違う

折れ曲がっている

折れ曲がっている

油脂には
いろいろな構造が
あるんだね！

ご覧のとおり、炭素Cがたくさんつながっていることがわかりますよね。

また、それぞれの炭素は水素Hと結びついています。

よく見てみると、4つの構造はそれぞれ微妙に違うことがわかると思います。

炭素や水素の数が違ったり、炭素と炭素をつなぐ線の数が2つだったりします。

さらに注意深く見てみると、炭素と炭素が2つの線でつながったところは、折れ曲がった構造になっていることがわかりますね。

このように2つの線で強固に結ばれた箇所は、角度が固定されて、強制的に折れ曲がった構造になってしまいます。

ここで紹介した4つの構造以外にも、まだまだたくさんあります。

油脂は、これらの構造がさまざまな組み合わせでくっついており、その比率によって性質や実際の見た目が変わってくるんですよ。

例えば、油脂が固体（脂肪）なのか、液体（油）なのか……ということについては、この比率によって決まる傾向があります。

具体的に、油脂が固体なのか液体なのかは、どのようにして決定されているのでしょうか？

それを説明する前に、まず、油脂の分子を次のように簡単に描いておきます。

炭素、水素、酸素を円で表していた部分を、四角でひとまとめにしました。

さらに、分子全体を線で括っておきます。

これをAとしておきましょう。

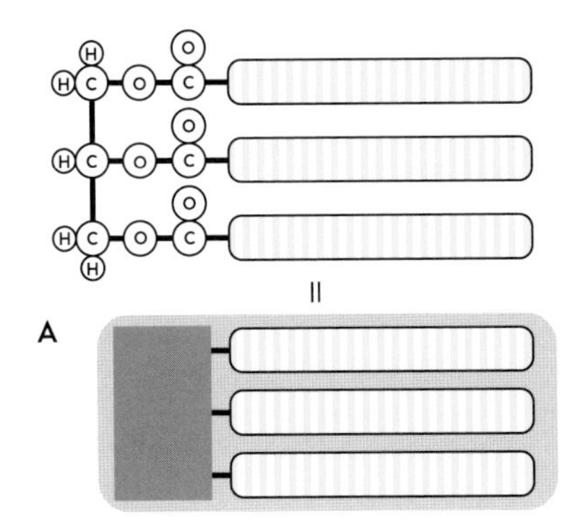

また、折れ曲がった構造をもつタイプの場合は、次のように表しておきます。

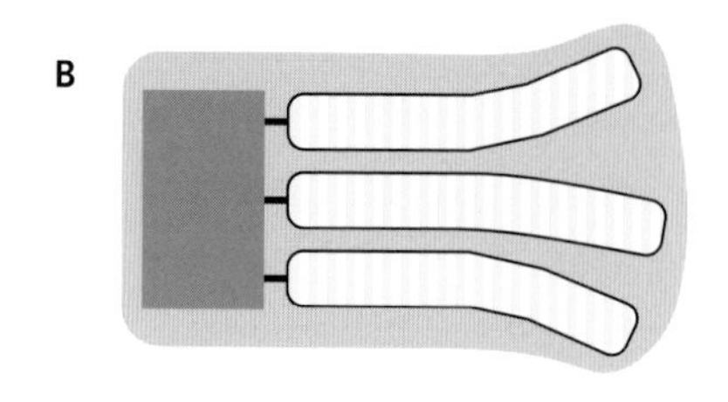

ここでも、構造全体を線で括っておきましょう。

括ってみると、折れ曲がった構造のところが膨らんでいることがわかりますね。

こちらはBとしておきましょう。

例えば、Aのタイプの油脂ばかりの場合だと、分子同士で密に集まりやすくなります。

下のイメージ図ではすべてAの構造をもつ油脂を描いています。

ご覧のとおり、密に詰まりやすいことがわかると思います。

このような場合、油脂は固体になりやすいのです。

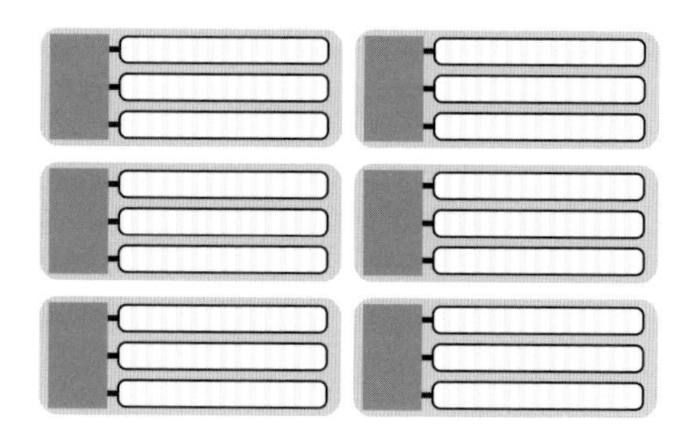

一方、Bのタイプ、すなわち折れ曲った構造を多くもっている場合、分子同士が密集しにくくなります。

次のイメージ図では、すべてBのタイプの油脂を描きました。

形が歪(いびつ)なので、なかなかうまく密集しません。

このような場合、分子が動きやすくなり、固体として固まらずに液体として存在する傾向があります。

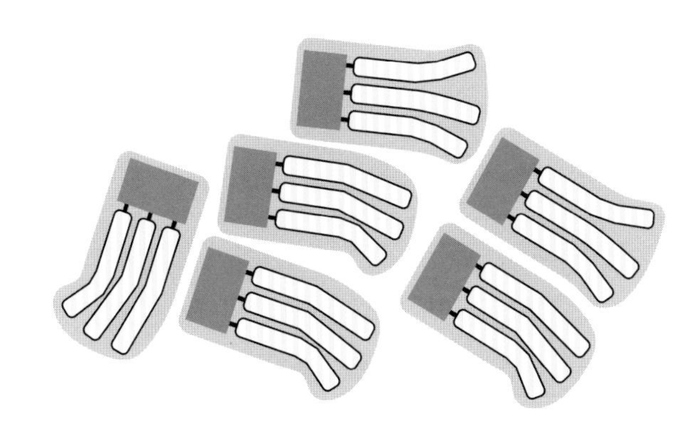

ちなみに、液体の油脂は、その多くが植物由来のものです。
サラダ油は、菜種(なたね)油、大豆油、ひまわり油などが成分です。
一方、固体は多くが動物由来のものです。
お肉の脂身やバター（乳製品）など、動物から得られるものですね。

このように、油脂の構造がAのタイプなのかBのタイプなのかによって、固体なのか液体なのかが決まるわけです。
先ほどの2つの図では、すべて真っ直ぐな構造のケース、そしてすべて曲がっている構造のケースで説明しました。
しかし実際には、真っ直ぐな構造と曲がった構造が、ごちゃ混ぜで含まれています。
そのため、油脂の中に真っ直ぐな構造と曲がった構造が、それぞれどれくらい含まれているかによって、固体なのか液体なのかが決まります。

12 油脂の劣化

さて、油脂（油や脂肪）について、もっと詳しく見ていきましょう。

油脂が劣化する原因としては、空気中の酸素が挙げられます。

油製品や脂肪が含まれる製品を常温で空気中に放置しておくと、嫌な匂い、嫌な味になっていきますよね。

さらに長い月日放置しておくと、酸っぱくて刺激をもつ匂いが漂ってきます。

この現象は、空気中の酸素が油脂と化学反応を起こし、匂いをもたらす分子に変換されることによって起こるんですよ。

この反応は、熱や光が引き金になります（常温であっても熱はあります）。

その化学反応を図で表しました。

空気中の酸素は円で示しています。

空気中の酸素は、酸素原子Oが2つくっついた分子（O_2）として存在していましたね（9ページ）。

まず、油脂の折れ曲がっている箇所（炭素Cと炭素Cが2つの線でつながっている箇所）の辺りをめがけて、O_2がくっつきます。

こうして生じた分子は不安定で、周囲にある水素の原子をくっつけて安定になろうとするんです。

例えば、別の油脂の分子を構成する水素の原子がくっつきます。

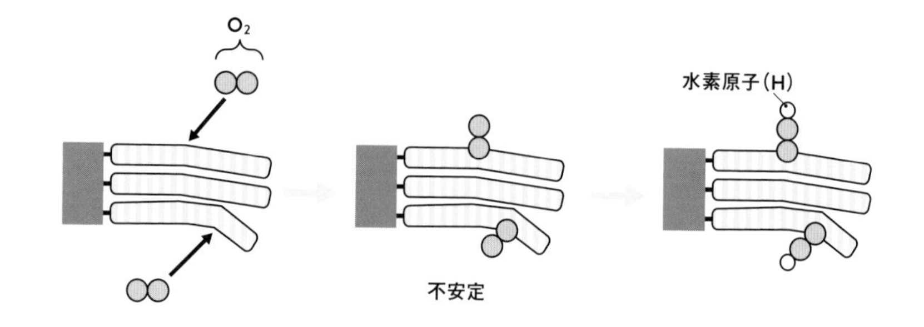

しかしながら、それでもまだ不安定であり、油脂の右側の部分がちぎれていきます。

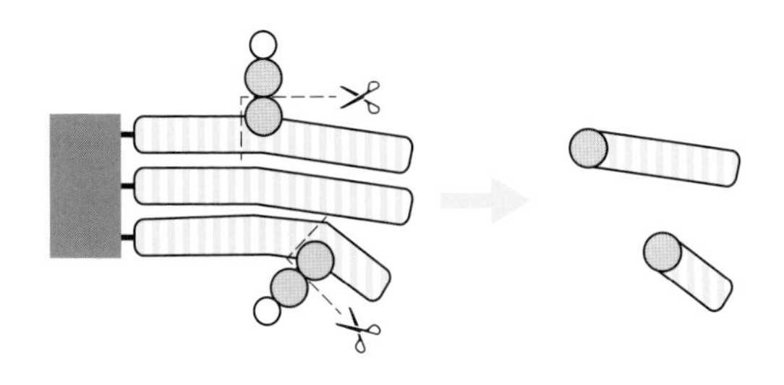

まだ不安定

ちぎれた部分は酸素原子Oが1つ分くっついた状態で、新たな分子として存在しています。

これらの分子の中に、嫌な匂いや、刺激がある匂いをもたらす分子があるというわけです。

油脂の劣化は、加熱すると
もっと複雑化して、いろいろな分子が
できてしまうんだ

そうだね。
同じ油を繰り返し使用するほど
さまざまな分子がどんどん生じてしまうよ。
変色したり粘りが出たりして、
顕著に劣化してしまうんだ

揚げ物は
160～180 °Cぐらいの
範囲でつくるから、
油の分解が
起こっているのね

13 キュウリとトマトの香り

キッチン編も終盤に差し掛かってきました。
ここからは野菜の化学を語ります。

野菜といえば、キュウリやトマト、タマネギ、ダイコンなどいろいろありますね。

これらの野菜を切ると、独特の香りがしてきませんか?

あの独特の香りも分子が原因なんです。

最初に、キュウリとトマトについて見ていきましょう。

これらの野菜の香りについては、次のように考えられています。

キュウリやトマトを切ると、それらの細胞が破壊されます。

すると、「リパーゼ」と呼ばれる酵素と、細胞を構成していた油脂やリン脂質、糖脂質が反応します。

リン脂質と糖脂質は、油脂と似たような構造をもっています。

本書では油脂を例として、反応の説明をしていきますね。

油脂とリパーゼが反応するとき、水も必要になります。

もちろん、野菜の中には水分がたくさん含まれていますよね。

これらが反応すると、油脂は次の図のように、矢印で示した位置から分解します(酸素Oと炭素Cの間)。

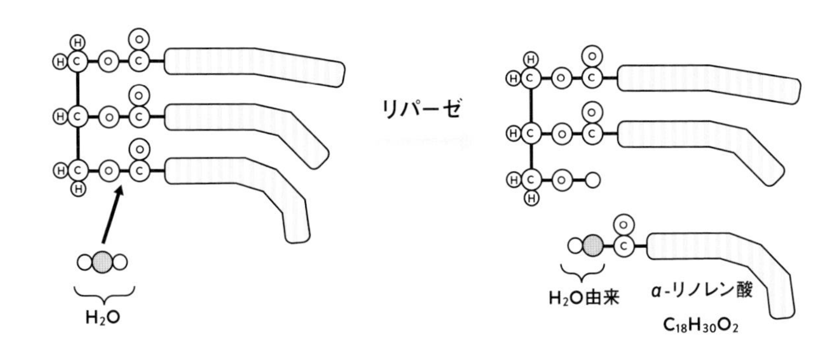

60ページで紹介した、油脂がO_2によって分解するときとは、位置が違いますね。

分解して2つの分子ができるわけですが、キュウリとトマトの香りは、小さいほうの分解物「α（アルファ）-リノレン酸（$C_{18}H_{30}O_2$）」が関係しています。

この分子の左端には、H_2Oの酸素と水素が残っています。

この分子の構造をもっと詳しく見てみましょう。

折れ曲がっている箇所×3

||

α-リノレン酸

$C_{18}H_{30}O_2$

折れ曲がっているところが3か所もあります。
曲がっている箇所は、炭素と炭素が2つの線で結ばれたところでしたね（56ページ）。
このような構造をもつα-リノレン酸がさらに小さく分解されると、キュウリやトマトの香りをもたらす分子になります。

では、その分解の過程を見ていきましょう。
キュウリの場合は、2つの酵素（リポオキシゲナーゼとリアーゼ）が働き、次のような反応が起こります。

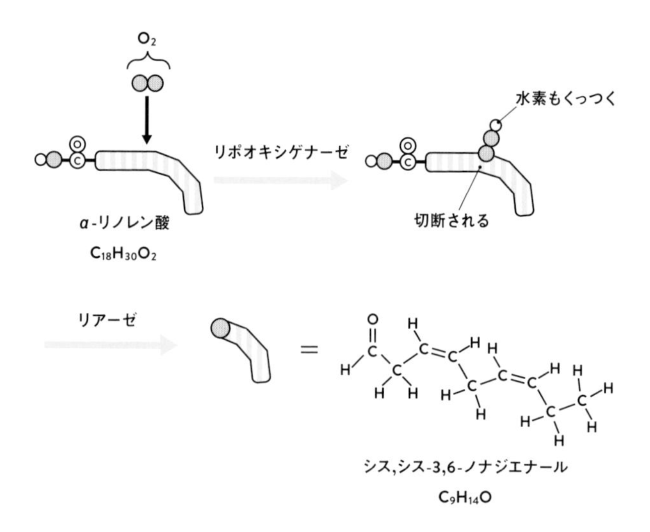

はじめの反応は、酵素「リポオキシゲナーゼ」が引き起こします。
α-リノレン酸にO_2がくっつき、さらに水素の原子もくっつきます。
60ページで紹介した、空気中の酸素によって油脂が劣化する際の反応とそっくりですね。
油脂の劣化は時間をかけて徐々に起こりますが、キュウリの香りは切るとすぐに発生します。
似たような反応なのになぜだろう……と思うかもしれませんが、キュウリの場合には酵素が反応に関わっています。
酵素は化学反応を引き起こす力をもっていましたよね（26ページ）。

そのため、ただちに反応が起こる……と考えると、つじつまが合います。

さて、話を戻しましょう。

まだキュウリの香りの分子には変換されていません。

さらに、今度は「リアーゼ」という酵素が力を貸し、矢印で示した位置で分解して「シス,シス-3,6-ノナジエナール（$C_9H_{14}O$）」と呼ばれる分子ができます。

この分解も油脂の劣化のときとそっくりですね。

最後に、シス,シス-3,6-ノナジエナールに別の酵素が働き、「スミレ葉アルデヒド（$C_9H_{14}O$）」と「キュウリアルコール（$C_9H_{16}O$）」という分子に変換されます。

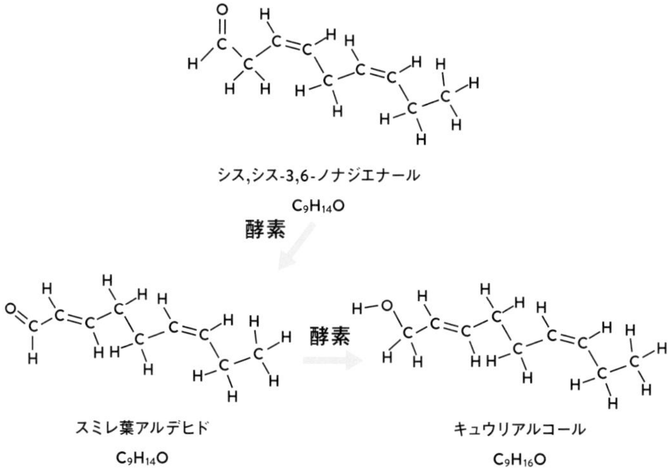

シス,シス-3,6-ノナジエナール
$C_9H_{14}O$

酵素

スミレ葉アルデヒド
$C_9H_{14}O$

酵素

キュウリアルコール
$C_9H_{16}O$

この2つの分子がキュウリの香りの正体であることを、日本人が突き止めました（この発見の前に、スミレ葉アルデヒドは海外で「ニオイスミレ」の葉から発見されていました。そのため、名前にスミレが入っています）。

気体として空気中を漂い、私たちの鼻の中にある細胞を通して香りとして伝わります。

スミレ葉アルデヒドは、シス,シス-3,6-ノナジエナールと同様に$C_9H_{14}O$で表されますが、炭素と炭素が2つの線で結ばれている位置が異なります。

一方、キュウリアルコールは$C_9H_{16}O$であり、水素が2つ増えていますね。

どちらも反応前の分子と構造がわずかに違うだけですが、このわずかな違いが香りに影響を与えているんですよ。

ちなみに、これらの分子に変換される前の「シス,シス-3,6-ノナジエナール」は、まさかのメロンの香り(!)がするそうです。

さらにちなみに、スミレ葉アルデヒドは炭素と炭素が2つの線で結ばれているところが2か所ありますが、そのうちの1つが微妙に異なる分子は、加齢臭の原因となる分子「トランス-2-ノネナール」なんです。

構造の違いは紙一重なのに、わからないものですね……!

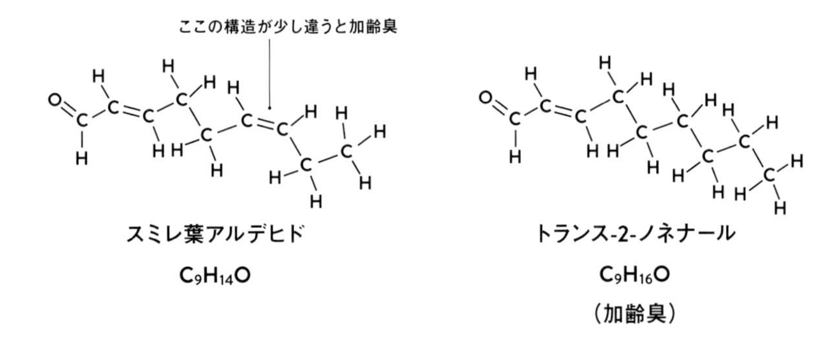

続いて、トマトの香りについて見ていきましょう。

キュウリのときと同様に、α-リノレン酸が2つの酵素(リポオキシゲナーゼとリアーゼ)によって分解されます。

しかし、先ほどとはO_2がくっつく位置が違います。

曲がっているポイントを狙ってくっつくことには変わりないのですが、今度は1つ右にズレたところにくっつきます。

そのため、分解して発生した分子はキュウリのときよりも少し短めです。

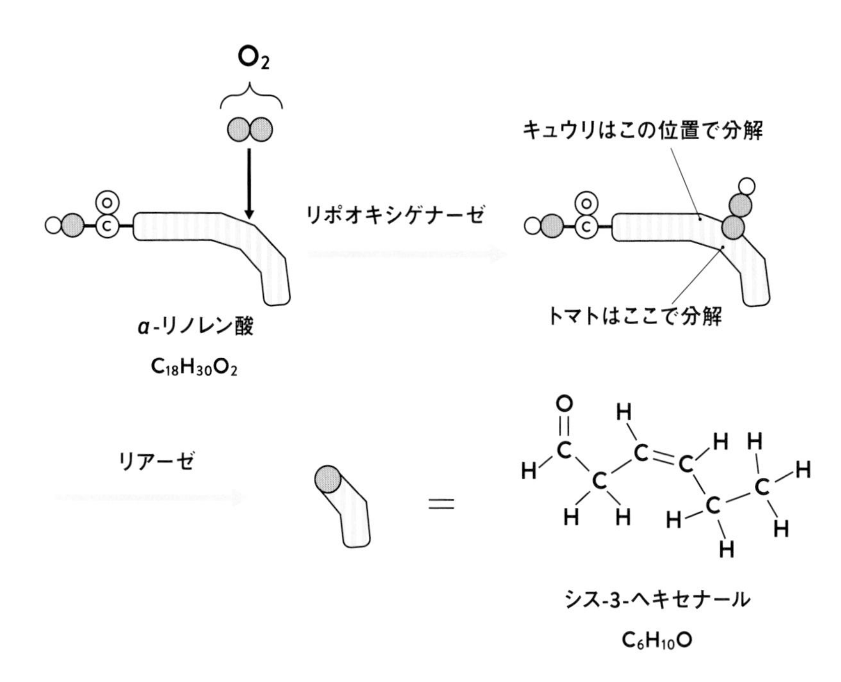

分解物は、シス-3-ヘキセナール（$C_6H_{10}O$）と呼ばれる分子です。

最後に、この分子が別の酵素によって変換され、「青葉アルデヒド」と「青葉アルコール」という分子ができ上がります。

これらが、トマトを切ったときに生じる、独特の青臭さの成分です。

キュウリのときよりも少し短い構造というだけなのですが、私たちはトマトの香りとして認識することができます。

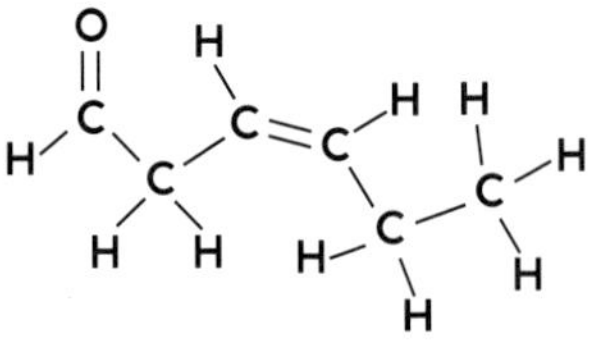

シス-3-ヘキセナール

$C_6H_{10}O$

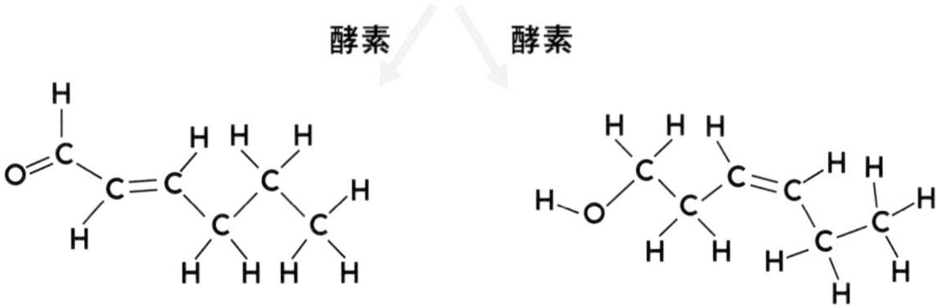

酵素　酵素

青葉アルデヒド

$C_6H_{10}O$

青葉アルコール

$C_6H_{12}O$

じつは、青葉アルデヒド、青葉アルコールという名称から予想されるとおり、これらの分子は、植物の葉からあふれ出る、青臭い香り（新緑の香り）の成分でもあるんですよ。

葉っぱを揉んだときに顕著に現れる香りですね。

このような分子は他にもいくつかあって、まとめて「みどりの香り」と呼ばれています。

じつは、青葉アルデヒドと青葉アルコールに変換される前のシス-3-ヘキセナールもその一つです。

その他の「みどりの香り」の成分を次に示しました。

同じような構造で間違い探しみたいになってしまいますが、よく見てみると微妙に違います。

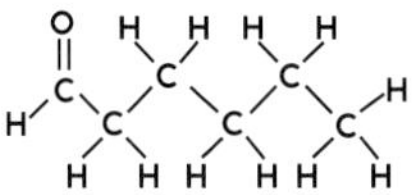

$C_6H_{12}O$ 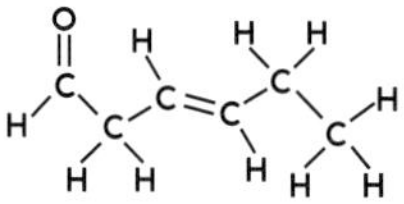　$C_6H_{10}O$

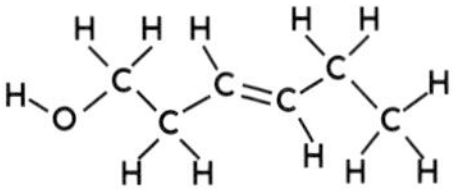

$C_6H_{12}O$ 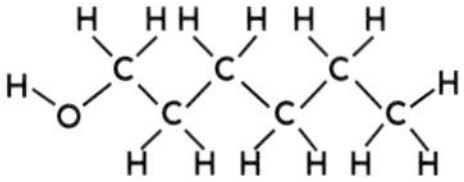　$C_6H_{14}O$ 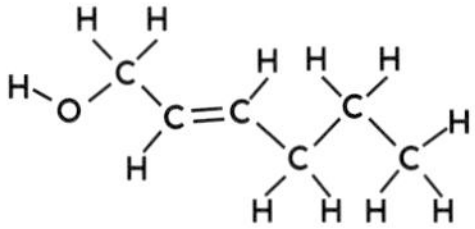　$C_6H_{12}O$

キュウリやトマトは、それぞれ主に2種類の分子がその香りを特徴づけていましたが、植物の葉の香りはこんなにたくさんの分子から成り立っているんですね。

今回は
似たような
分子ばっかり
登場したね!

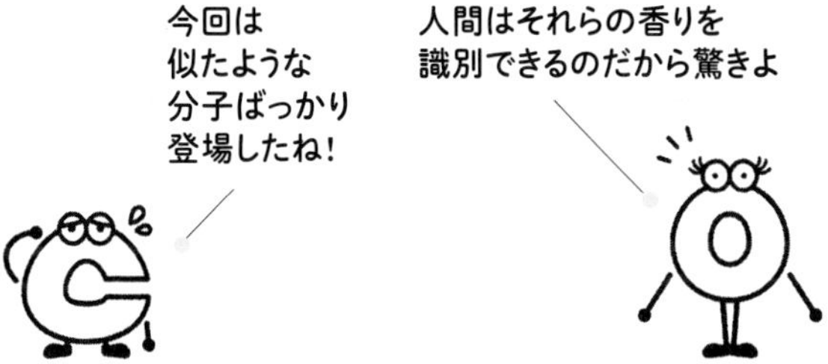

人間はそれらの香りを
識別できるのだから驚きよ

14　ニンニクとタマネギの香り

引き続き、野菜の香りの話をしましょう。

ここでは、ニンニクとタマネギについて考えてみますね。

まずはニンニクについてです。

ニンニクの匂いの正体は、ニンニクに含まれる「アリイン（$C_6H_{11}NO_3S$）」が分解されて発生する分子です。

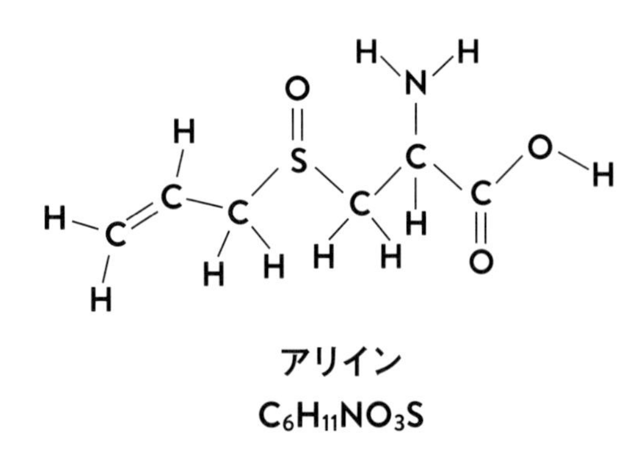

アリイン
$C_6H_{11}NO_3S$

アリインには、Sで表記される原子が含まれています。

Sは「硫黄」の元素記号です。

硫黄Sが含まれており、かつ分子が小さい場合、匂いがとても強い傾向にあります。

例えば、硫化水素「H_2S」という分子は、強烈な匂い（そして強い毒性）をもつことで知られています。

温泉で硫黄の匂いがする……というのは有名な話ですよね。

この匂いの正体がH_2Sなのです。

また、硫黄Sは家庭で用いられている都市ガスの匂いにも関係しているんですよ。

都市ガスの成分はメタン（CH_4）やエタン（C_2H_6）など、炭素と水素からできている、無臭の小さな分子です。

無臭ということは、ガス漏れの際に気づくことができないので危険ですよね？

そのため、都市ガスには匂いの強い分子をあえて含ませています。

一番使われているのが、「ターシャリーブチルメルカプタン」という分子で、$C_4H_{10}S$で表されます。

たしかに硫黄Sが含まれていますよね。

この分子が都市ガスの強烈な匂いの正体なんです。

これでガス漏れが起きても、いち早く察知することができますね。

さて、話を戻しましょう。

ニンニクが切り刻まれて細胞が粉砕されると、別々の場所にあった「アリイン（$C_6H_{11}NO_3S$）」と酵素である「アリイナーゼ」が出会い、反応します。

アリインは分解されて、半分ぐらいの大きさのアリルスルフェン酸（C_3H_6OS）になります。

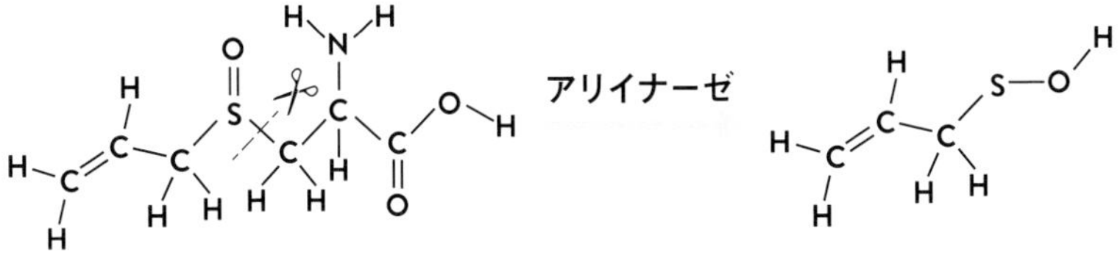

アリイナーゼ

アリイン
$C_6H_{11}NO_3S$

アリルスルフェン酸
C_3H_6OS

その後、アリルスルフェン酸が2つ分くっつき、アリシン（$C_6H_{10}OS_2$）という分子ができるんですよ。

ちなみに、この反応ではH_2Oが1つとれます。

$$2C_3H_6OS \rightarrow C_6H_{10}OS_2 + H_2O$$

アリルスルフェン酸　　アリシン

続いて、アリシンから酸素Oがなくなったジアリルジスルフィド（$C_6H_{10}S_2$）が発生します。

硫黄Sが含まれるこの2つの分子が、ニンニク特有の香りをもたらします。

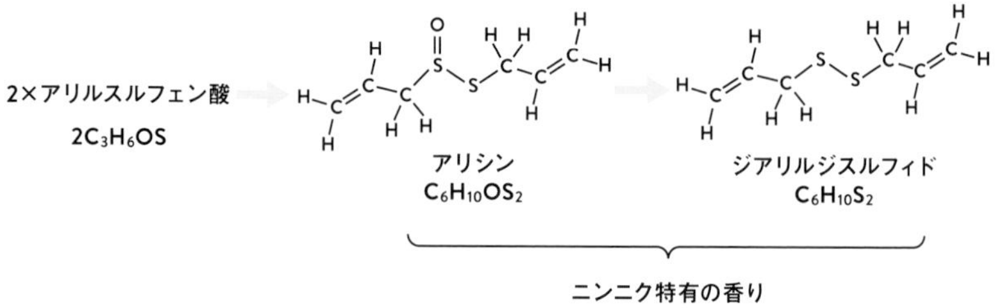

2×アリルスルフェン酸
$2C_3H_6OS$

アリシン
$C_6H_{10}OS_2$

ジアリルジスルフィド
$C_6H_{10}S_2$

ニンニク特有の香り

一方、タマネギは「プロピルシステインスルホキシド（$C_6H_{13}NO_3S$）」という分子が分解されて、匂いが発生します。

またもや硫黄Sが入っていますね。

分子の名前はニンニクに含まれている「アリイン」とぜんぜん違いますが、構造を見比べてみると、かなり似ていることがわかります。

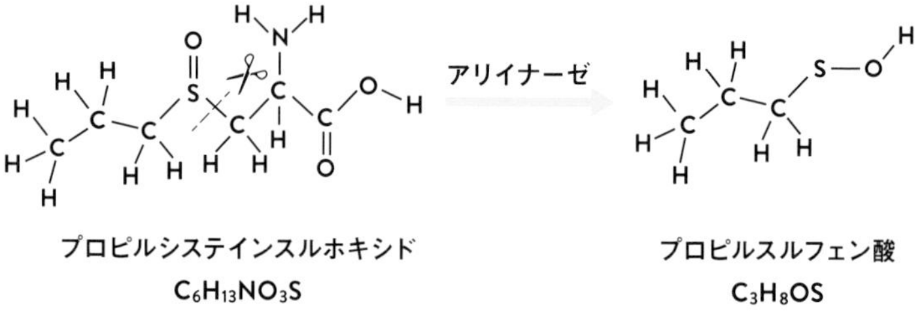

アリイナーゼ

プロピルシステインスルホキシド
$C_6H_{13}NO_3S$

プロピルスルフェン酸
C_3H_8OS

同じような
パターンが続くよ

やはり切り刻まれると、この分子と酵素「アリイナーゼ」が反応し、分解物であるプロピルスルフェン酸（C_3H_8OS）が発生します。

この分解物が2つ分くっつき、先ほどと同様の過程を経て、ジプロピルジスルフィド（$C_6H_{14}S_2$）ができます。

この分子がタマネギの匂いの成分なんです。

2×プロピルスルフェン酸
$2C_3H_8OS$

ジプロピルジスルフィド
$C_6H_{14}S_2$
（タマネギの匂い）

ニンニクとタマネギは共にネギ属であり、仲間として分類されています。

たしかに見た目はそこそこ似ていますが、香りと味はまったく違いますよね。

しかしながら、この一連の流れを見ると、仲間という感じがしてきませんか?

ところで、タマネギを切り刻んでいると涙が出てきてしまうのはなぜなのでしょうか?

ちょっと化学の視点から考えてみましょう。

あの現象も……もちろん分子が原因なんですよ。

専門的にいうと、タマネギから発生する「催涙（さいるい）成分」が原因です。

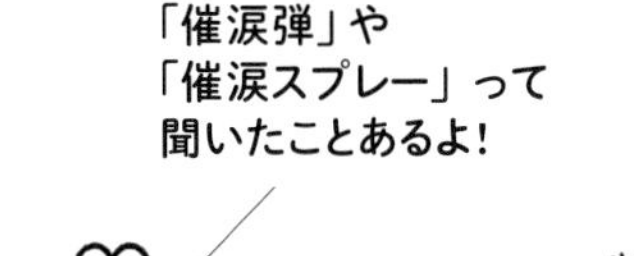
「催涙弾」や
「催涙スプレー」って
聞いたことあるよ!

「催涙」は、
涙を出させることを
意味するのよ

タマネギには「S1プロペニルシステインスルホキシド（$C_6H_{11}NO_3S$）」という分子も含まれており、これの分解物が催涙成分になります。

この「*S*-1-プロペニルシステインスルホキシド」は、これまで出てきた分子（タマネギのアリインおよびニンニクのプロピルシステインスルホキシド）と似たような構造をもっているので、確認してみてください。

タマネギが切り刻まれると、この分子は、やはり酵素アリイナーゼによって分解されて、1-プロペニルスルフェン酸（C_3H_6OS）が発生します。

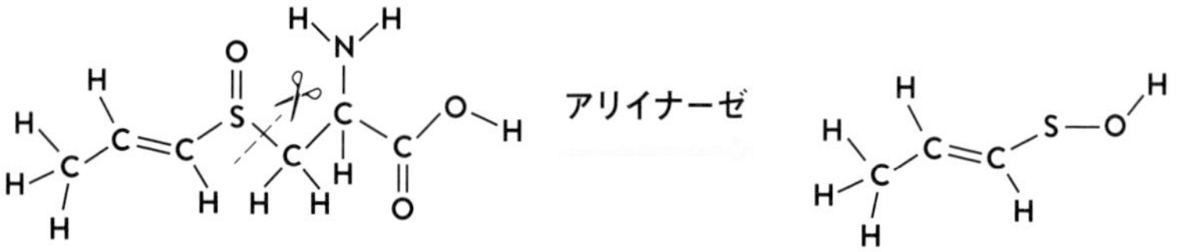

アリイナーゼ

***S*-1-プロペニルシステインスルホキシド**
$C_6H_{11}NO_3S$

1-プロペニルスルフェン酸
C_3H_6OS

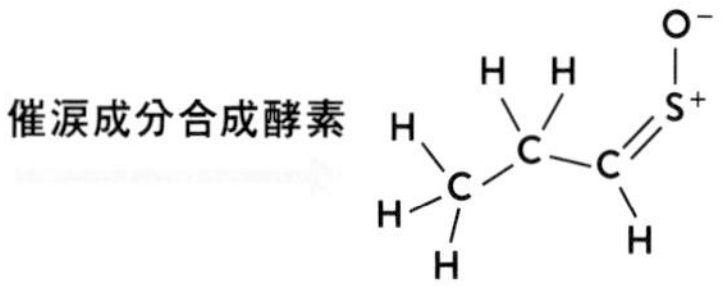

催涙成分合成酵素

チオプロパナール*S*-オキシド
C_3H_6OS
（催涙成分）

ここまでの流れは今までと同じなのですが、タマネギの中に含まれている「催涙成分合成酵素」という酵素により、1-プロペニルスルフェン酸（C_3H_6OS）はチオプロパナール*S*-オキシド（C_3H_6OS）という分子に変換されます。

反応前と反応後で同じC_3H_6OSですが、微妙に構造が異なり、構造中にプラスやマイナスが表記されている、ちょっと特殊な分子になるんですね。

プラスやマイナスは、電気を帯びていることを示す記号でした（28ページ）。

この分子が催涙成分なんです。

タマネギを切ると、この分子が発生するとともに私たちのもとに飛んでくるので、涙を流してしまうというわけです。

一連の反応から、ニンニクとタマネギは似たような仲間であることがわかってもらえたと思いますが、タマネギにはタマネギ独自の反応が起こっていて、涙の分泌を促す成分ができてしまうんですね。

15 ワサビとダイコンの香りと辛み

最後に、アブラナ科に属する野菜についてお話ししますね。

ワサビやダイコンなど、独特の香りを持ち、かつ辛みをもつ植物の化学です。

ワサビとダイコンのいずれの香り、そして辛みも、「カラシ油配糖体」という成分が関係しています。

なんだか今まで登場してきた分子と雰囲気が違う名前ですが、カラシという名前が入っているので、辛みと関係していそうなのはイメージできますよね。

ワサビに入っているカラシ油配糖体には、炭素Cと水素H、酸素Oに加えて、窒素Nも硫黄Sも含まれています。

下に構造の詳細を示しました。右側のGと書かれている六角形の部分は、砂糖やお米の話で出てきた「グルコース」を表しています。

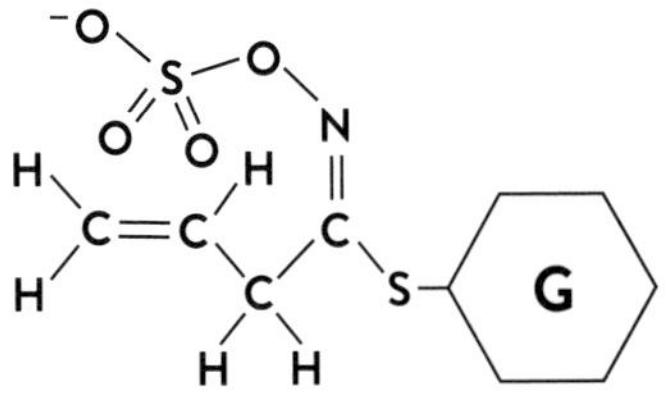

ワサビに含まれるカラシ油配糖体

ちなみに、この成分の名前に含まれている「配糖体」の糖は、グルコースの部分を意味しているんですよ。

グルコースやフルクトース、
スクロースなどの
分子をまとめて「糖類」と
呼んでいるんだよ

ワサビの調理時に細胞が破壊され、やはり別の場所に存在している「ミロシナーゼ」という酵素、そして水（H_2O）と反応し、カラシ油配糖体が分解されます。

グルコースが外れ、左上の硫黄Sとその周辺の酸素Oもなくなり、小さくなった分子「アリルイソチオシアネート（C_4H_5NS）」が生じるんです。

この分子が香りと辛みをもたらします。

ミロシナーゼ
H_2O

ワサビに含まれるカラシ油配糖体

アリルイソチオシアネート
C_4H_5NS

一方で、ダイコンに含まれているカラシ油配糖体は、ワサビのものとは少しだけ構造が異なり、硫黄Sが3つ含まれています。

やはり調理時にミロシナーゼおよび水と反応し、「4-メチルチオ-3*E*-ブテニルイソチオシアネート（$C_6H_9NS_2$）」が生じます。

この分子がダイコンの香りと辛みの正体です。

ミロシナーゼ
H_2O

ダイコンに含まれるカラシ油配糖体　4-メチルチオ-3*E*-ブテニルイソチオシアネート
$C_6H_9NS_2$

ワサビから発生する「アリルイソチオシアネート」と、ダイコンから発生する「4-メチルチオ-3*E*-ブテニルイソチオシアネート」は、やはり構造がちょっと違うだけなのですが、異なる風味がします。

さて、ここまで野菜の香りについて述べてきました。
説明したとおり、香りを示す分子が最初から野菜の中に含まれているわけではありません。
「アリイン」や「カラシ油配糖体」といった、野菜の中にもともとある成分が調理時に酵素と反応することによって、私たちに香りを感じさせる分子に分解および変換されるのです。

16　チューブ入り練りワサビ ～もっと詳しく!～

こちらの話はおまけです。
ワサビについて、もう少し考えてみたいと思います。
生のワサビをすりおろすなどして調理すると組織が破壊されて、カラシ油配糖体とミロシナーゼが反応し、アリルイソチオシアネートが出てくるという話でした。

それが気体となって、独特の香りとして私たちは認識します。

気体ですから、どんどん空気中に飛んでいき、やがてアリルイソチオシアネートはワサビの中からなくなってしまいます。

ワサビの独特の風味を楽しむためには、すりおろしたらなるべく早めに食べる必要があるということですね。

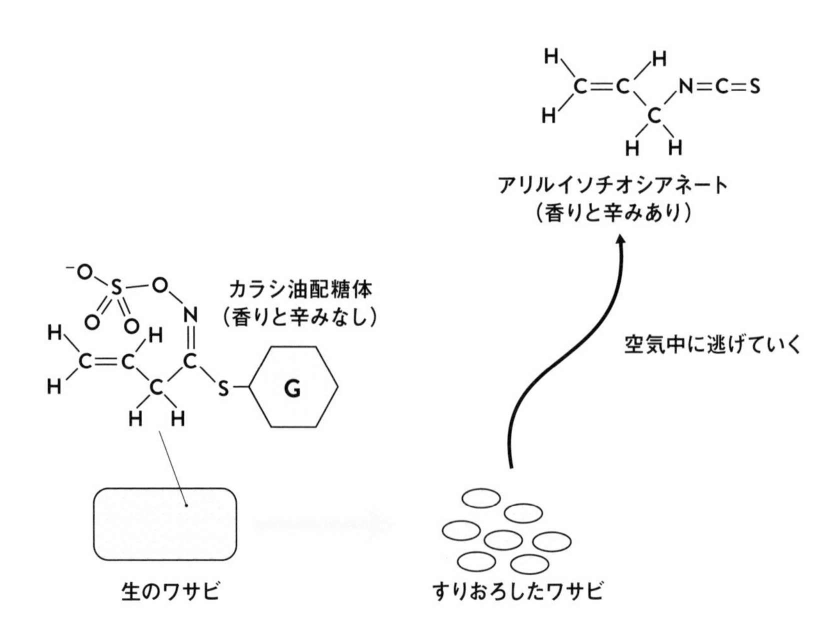

実際のところ、生のワサビは使い切るのが大変ですし、価格も高めです。

そのため家庭では、チューブ入りの練りワサビを使用することが多いですよね。

チューブ入りの練りワサビは、ワサビがすりおろされた状態でチューブの中に入っています。

上述のとおり、アリルイソチオシアネートはすぐに空気中に逃げていってしまうので、なるべく長くワサビの中に留めておくために、チューブ入り練りワサビには工夫が施されているんですよ。

どういうことかというと、シクロデキストリンでアリルイソチオシアネートを包み込む……という工夫をしているのです。

シクロデキストリンは、分子を取り込み、徐々に放出する性質をもつことを述べました（51ページ）。

この効果により、アリルイソチオシアネートが空気中に飛んでいってしまうのを防いでいるのです。

シクロデキストリンは、じつはこんなところでも役に立っているんですね。

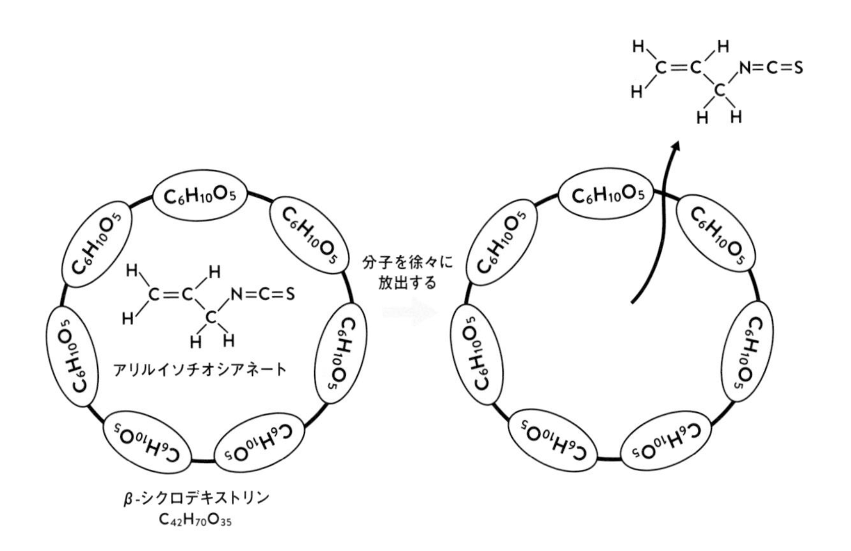

シクロデキストリンは
アイデア次第で
いろいろなことに
使えるのね

Chapter
4

洗面所・お風呂・トイレの化学式を見ていこう！

この章では、洗面所やお風呂、トイレに関わるものの化学式を取り上げます。

歯をみがいたり、髪の毛を洗ったり、おしっこをしたりと……日常的に行なっていることがいろいろとありますよね。

これらについて化学の視点で見ていきましょう。

1 歯 ー主成分は$Ca_{10}(PO_4)_6(OH)_2$ー

まずは、洗面所の話から始めます。

洗面所に歯ブラシを置いている人は多いと思います。

歯を毎日みがくのは、虫歯予防のためですよね?

そもそも、私たちの歯は何からできているのでしょうか?

その主な成分を化学式で表してみましょう。

$$Ca_{10}(PO_4)_6(OH)_2$$

カッコが多く使われて、ちょっと複雑な化学式が登場してしまいましたね。

この成分は、「ハイドロキシアパタイト」と呼ばれています。

オーラルケア製品のCMで聞いたことがありませんか?

歯は、無数の$Ca_{10}(PO_4)_6(OH)_2$が規則正しく並んでできているのです。

それでは、化学式の一番左にある「Ca」から見ていきましょう。

Caは「カルシウム」の元素記号です。

カルシウムの原子は10個も含まれていますね。

続いて、その隣にカッコで括られたP(リンの原子)が1個とO(酸素の原子)が4個あります。

カッコの右下に6という数字がありますが、これはPO_4という固まりが6個あるという意味です。

最後に、OとHのペアがカッコで括られ、それが2個くっついています。

このようにして表記されたものがハイドロキシアパタイトです。

食事をとると、口の中にいる「虫歯菌」はその食事を利用して、いわゆる「酸」をつくり出します。

その「酸」の力によって、ハイドロキシアパタイトの一部がバラバラに分解されて、口の中に溶け出してしまうのです。

他に、食事のなかに「酸」が含まれている場合もありますね。

例えば、お酢やワイン、レモン、ドレッシングなどに含まれています。

しかし、ご安心ください。

しばらくすると唾液中に含まれている成分が、溶けてしまったハイドロキシアパタイトを修復してくれるんです。

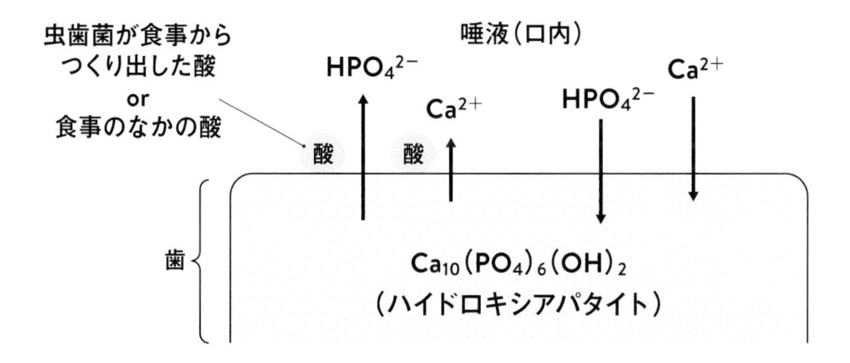

酸によって、ハイドロキシアパタイトがバラバラになるわけですが、化学式で表すと、$Ca_{10}(PO_4)_6(OH)_2$がCa^{2+}とHPO_4^{2-}というイオンになります。

Ca^{2+}は、カルシウムがプラスの電気を帯びた「カルシウムイオン」です。

今まで登場してきたイオンは+でしたが、今回は2+で、2倍のプラスの電気を帯びているわけですね。

HPO_4^{2-}は「リン酸水素イオン」と呼ばれ、反対に2倍のマイナスの電気を帯びています。

イオンになって口の中に溶け出してしまうわけですが、唾液に含まれている同様のイオンが歯を修復してくれるんですよ。

イオンはプラスや
マイナスの電気を
帯びたものだよね！

そうよ。
塩（Na^+とCl^-）のところで
勉強したけど、
イオンは水に溶けやすいのよね

唾液の成分のほとんどは水だから、
その中にイオンが溶けているわけだね

ハイドロキシアパタイトの成分が溶け出すことを「脱灰（だっかい）」、ハイドロキシアパタイトが修復されることを「再石灰化（さいせっかいか）」と呼びます。

食事のたびに、脱灰と再石灰化が起こっているんですよ。

脱灰と再石灰化を化学反応式で表すと、次のようになります。

$$Ca_{10}(PO_4)_6(OH)_2 + 8H^+ \underset{\text{再石灰化}}{\overset{\text{脱灰}}{\rightleftarrows}} 10Ca^{2+} + 6HPO_4^{2-} + 2H_2O$$

かなり難しくなりましたね。

それでは、この化学反応について解説していきます。

式の左側は、$Ca_{10}(PO_4)_6(OH)_2$と、「H^+」というイオンが反応する……という意味です。

「H^+」は水素の元素記号の右上に＋がついています。

水素原子にプラスがつくと、名前を変えて「水素イオン」と呼ばれるようになります。

この水素イオン（H^+）が脱灰のきっかけをつくっていた「酸」の正体なのです。

さて……そもそも、酸とは何なのでしょうか？

酸といえば、学校で実際に扱ったことがある、塩酸や硫酸、硝酸などの強力な酸を思い浮かべる方が多いと思います。

塩酸とは水に「塩化水素」と呼ばれる分子が溶けたものであり、「塩化水素」は水素（H）と塩素（Cl）が組み合わさった化学式HClで表されます。

塩化水素の分子は、そのHを水素イオンH^+として放出するわけですね。

ちなみに、硫酸はH_2SO_4、硝酸はHNO_3で表され、やはりH^+を放出します。

これらはとっても強い酸であり、非常に危険です。

他にも、酸といえば「酸性雨」が挙げられますね。

重大な環境問題として知られています。

工場や自動車から排出された二酸化硫黄（SO_2）や一酸化窒素（NO）、二酸化窒素（NO_2）は、大気中で硫酸や硝酸に変化します。

酸性雨とは、それら硫酸や硝酸が溶け込んだ雨のことです。

強過ぎる酸は体をつくっている分子を壊すため、私たちは傷ついてしまうわけですね。

酸が影響を与えるのは生物だけではありません。

銅像を錆びさせたり、コンクリートを劣化させたりする作用もあります。

さて、酸についてもう少し学んでいきましょう。

先ほど、虫歯菌が食べ物を利用して酸をつくる、もしくは食べ物の中に酸が含まれていると述べました。

身近で有名な酸のひとつとして、先ほども述べた調味料のお酢が挙げられます。

もちろん、お酢は塩酸や硫酸と比較するとはるかに弱い酸なので、口の中に少量入れたところで問題はありません。

お酢に含まれている酸の化学式は「CH_3CO_2H」で表され、化学の世界では「酢酸」と呼ばれています。

ちゃんと名前に酸が入っていますね。

ちなみに、食卓のお酢の中には5％前後、酢酸が含まれています。

なお、酢酸はエタノール（お酒）が分解した分子としても一度登場しましたよね（23ページ）。

体内でお酒がお酢に変化しているというのだから不思議です。

それはともかくとして、酢酸はCH_3CO_2Hの一番右端のHを、H^+として放出します。

先ほど、酢酸は塩酸や硫酸と比較して弱い酸であると述べましたが、これはこのH^+を放出する量が比較的少ないからなんですよ。

ちなみに、お酢の酸っぱい味も、
H⁺が関係しているんだよ。
H⁺がIII型細胞（43ページ）を介して、
酸味の情報を届けるのさ

少し脱線してしまいましたが、脱灰と再石灰化の話に戻ります。

もう一度、これらを表す化学反応式を振り返ってみましょう。

$$Ca_{10}(PO_4)_6(OH)_2 + 8H^+ \underset{\text{再石灰化}}{\overset{\text{脱灰}}{\rightleftarrows}} 10Ca^{2+} + 6HPO_4^{2-} + 2H_2O$$

右の方向に向かっている矢印の上に「脱灰」、左の方向に向かっている矢印の下に「再石灰化」と書いてありますよね。

これは、反応が右の方向に向かうと、ハイドロキシアパタイト$Ca_{10}(PO_4)_6(OH)_2$と水素イオンH^+が、Ca^{2+}、HPO_4^{2-}、H_2Oに変換し、この反応を脱灰と呼ぶ……ということを意味しています。

この流れは、いつもの化学反応と同じですよね。

左方向に向かっている矢印は、右側に書かれたもの（Ca^{2+}、HPO_4^{2-}、H_2O）が、左側に書かれたハイドロキシアパタイトと水素イオンに変換され、この反応を再石灰化と呼ぶ……ということを意味しています。

口の中に水素イオンがいっぱいあると、ハイドロキシアパタイトがカルシウムイオンとリン酸水素イオン、そして水に分解する反応（左から右に向かう反応）が積極的に進行します。

つまり、歯が徐々に溶け出していく……ということですね。

逆に、口の中にカルシウムイオンとリン酸水素イオン、そして水がたくさんあると、右から左に向かう反応が優勢になります。

唾液の成分のほとんどは水であり、前述のとおり、カルシウムイオンとリン酸水素イオンが含まれています。

唾液が正常に出ていれば、ハイドロキシアパタイトの修復が積極的に行なわれることがわかりますね。

まとめると、食事によって酸（H^+）が多くなると主に脱灰が起こり、その後は唾液の活躍によって再石灰化のほうが優勢になるというわけです。

1日3食として、このイメージをグラフ化してみました。

横軸は時間、縦軸は脱灰と再石灰化のどちらが主に起こっているのかを示しています。

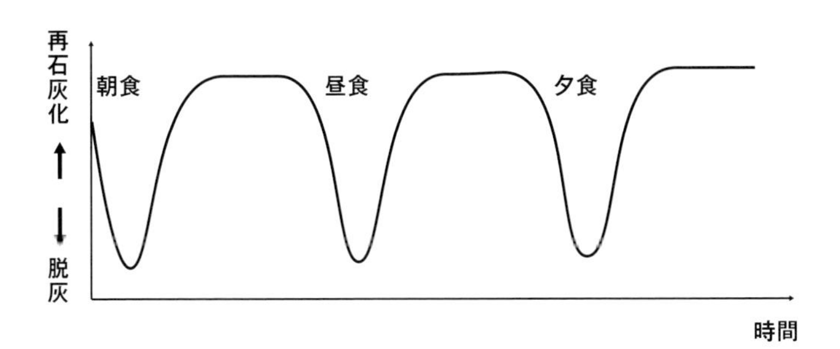

さて、せっかくなので、脱灰と再石灰化の化学反応式をもう少し深く理解してみましょう。
しつこいようですが、あらためて式を示します。
ちなみに、ちょっと難しい話なので、ここは読み飛ばしてもまったく問題ありません。

$$Ca_{10}(PO_4)_6(OH)_2 + 8H^+ \underset{\text{再石灰化}}{\overset{\text{脱灰}}{\rightleftarrows}} 10Ca^{2+} + 6HPO_4^{2-} + 2H_2O$$

式の左側と右側を見比べてみると、原子の種類ごとに原子の数が合っていますよね？
イオンであること（2+や2−が化学式の右上にくっついていること）は、いったん無視して数えてみましょう。
Caが10個、Pが6個、Hが10個、Oが26個です。
やはり原子の数は式の左側と右側で合っていますよね。
今度は、プラスとマイナスの数が式の左側と右側で釣り合っているかどうか数えてみましょう。
左側は+が8個です。
右側については2+が10個、2−が6個で、+が20個（2+ × 10 = 20+）に対して−が12個（2− × 6 = 12−）であり、合計すると+が8個です。
というわけで、左側も右側も+が8個分であり、釣り合っています。
このように、化学反応式では、プラスとマイナスの合計が増えたり減ったりはしないんですよ。

2 歯 ー虫歯になるまでー

ここまでの話で、歯がどのようなものか、化学の視点で見えてきましたね。

続いて、私たちの敵である虫歯について考えていきましょう。

虫歯になる主な要因は2つです。

まず、先ほど登場した虫歯菌が要因になります。

虫歯菌の具体的な名前は「ミュータンス菌」です。

この菌は子供のとき（3歳ぐらいまで）に、大人から入ってしまうことが多いそうです。

親が使用したお箸やスプーンを使ったり、回し飲みをしたりすることが、原因として挙げられているんですよ。

もうひとつの要因は、食べ物の中に含まれている砂糖なんです。

砂糖の主な成分は「スクロース」でしたよね。

この2つの要因が合わさると、次のことが起こります。

まず、ミュータンス菌がスクロースを使って「グルカン」という分子をつくり出します。

グルカンの化学式は $(C_6H_{10}O_5)n$ で表されるのですが、これについては後で詳しく述べますね。

グルカンは歯の表面にくっつき、ミュータンス菌の住処（すみか）になります。

さらに、口内にいる他の菌（口内には600種類以上の菌がいるといわれています）が混じってくるんですよ。

そもそも、
菌ってなに?

「細菌」や「バクテリア」とも呼ばれる
1000〜5000 nmぐらいの小さな生物さ。
さまざまな種類がいるんだよ
それはこの章の
後半で話すよ!

病気の原因になるのよね。
けど、腸内細菌が
健康のカギを握っているっていう
話も聞くわ

歯にくっついたそれらを合わせたものを「歯垢（しこう）」と呼んでいます。「プラーク」や「バイオフィルム」と呼ばれることもあります。

これらの用語は、歯磨き粉などのCMで聞いたことがあるのではないでしょうか?

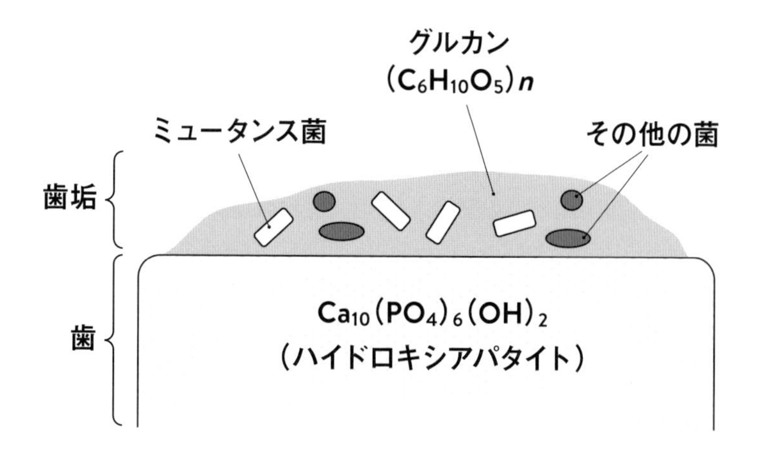

その後、住処を得たミュータンス菌が「酸」をたくさんつくり出して脱灰ばかりが起こり、やがて虫歯に至ります。

この流れを下に示しました。

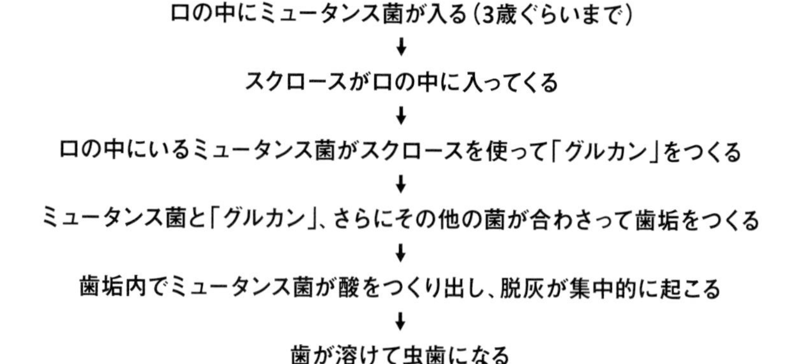

さて、先ほどから登場している分子「グルカン」について、もっと詳しく紹介していきますね。

グルカンはネバネバした大きな分子で、先ほど述べたとおり、ミュータンス菌によってつくり出されて歯の表面にくっつきます。

ミュータンス菌は、「グルコシルトランスフェラーゼ(glucosyltransferase、略してGTF)」という酵素をもっており、これを使って食べ物の中にあるスクロースからグルカンをつくり出します。

それでは、グルカンの構造を詳しく見ていきましょう。

グルカンは化学式だと（$C_6H_{10}O_5$)nで表すことができます。

どこかで見たことがある化学式ですね。

お米のところで出てきた、デンプン（アミロースとアミロペクチン）と同じ化学式なんです。

化学式は同じですが、分子のつながり方が違います。

グルカンは、グルコースの①と③の水酸基がつながっているものと、①と②の水酸基がつながっているものがあります。

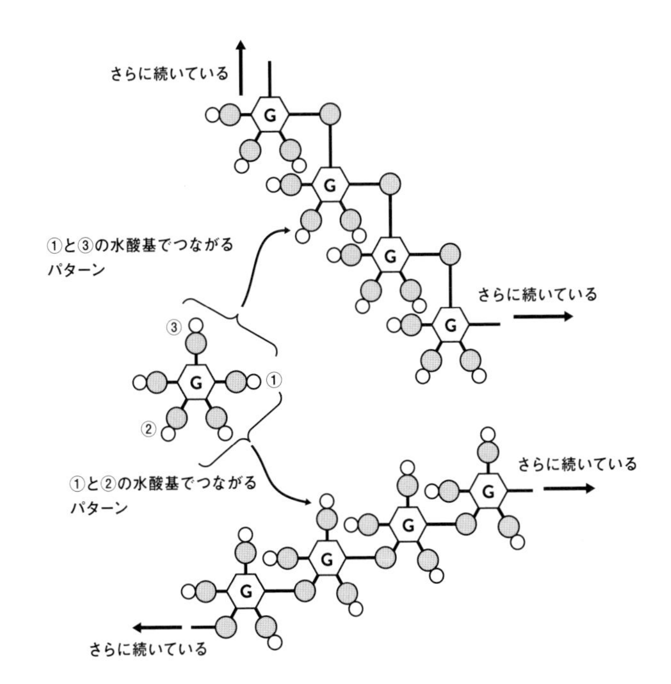

実際には下の図のように、どちらのつながり方も含まれていて、その比率によってグルカンの性質が変わってきます。

このような考え方も、お米のところで学びましたね。

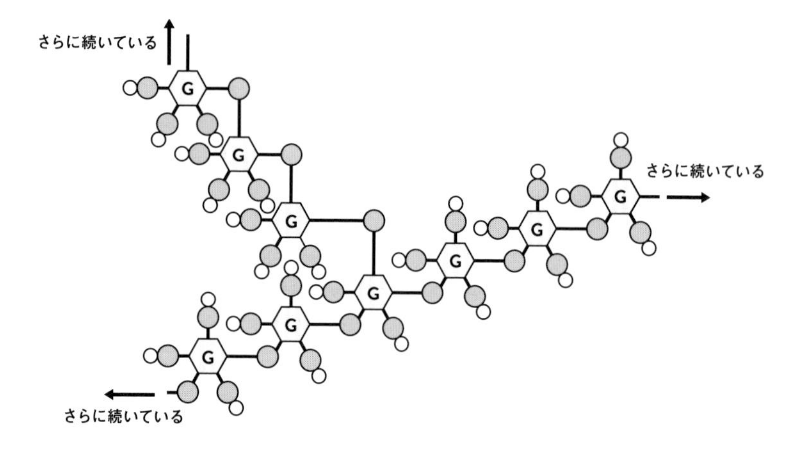

お米のときは、どのようなつながり方だったでしょうか?

アミロースは①と④の水酸基がつながっていて、アミロペクチンはときおり①と③の水酸基がつながっている部分があるため、枝分かれしているんでしたね（45〜48ページ）。

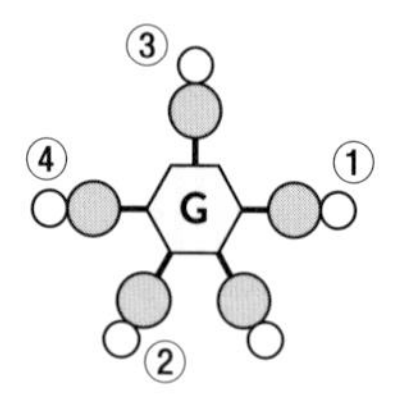

このように、グルカンとデンプンは同じ化学式 $(C_6H_{10}O_5)n$ なのですが、構造を詳しく見てみると、つながり方が違っていることがわかります。

さて、これでグルカンの構造がわかったわけですが、ミュータンス菌はどのようにしてスクロースからグルカンをつくっているのでしょうか?

この点を詳しく見ていきましょう。

スクロースは砂糖のところで詳しく述べたので、そのときの図を使って説明します。

スクロースは、グルコースとフルクトースからつくられていましたね。

グルカンをつくるために、これらのうちのグルコースの部分が使われ、フルクトースの部分は使われません。

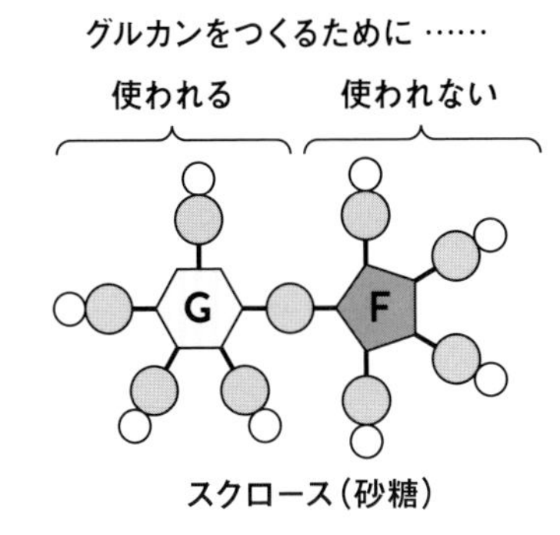

ミュータンス菌がもつ酵素GTF（グルコシルトランスフェラーゼ）とスクロースが反応し、スクロース中のグルコースだけが使われ、つながっていきます。

フルクトースは使われないので、スクロースが使われた分だけフルクトースが副産物として生じます。

スクロースからグルカンがつくられる様子を次に示します。スクロースの構造中にある円で表した酸素と水素を省略し、シンプルなイメージ図で表しました。

まず、GTFによってスクロースがグルコースとフルクトースに分解されます。

その後、もう一度GTFが活躍し、今度はグルコースをつなげていきます。

グルコースのつながり方には、先ほど述べたように2パターンあります。

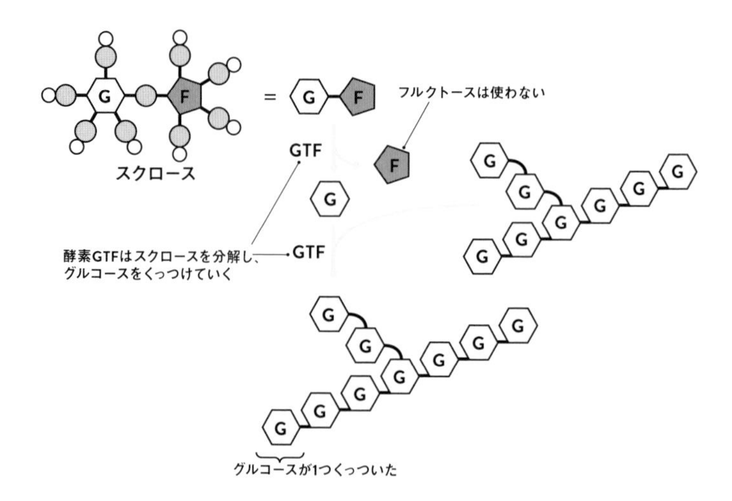

次に、グルカンができる様子を化学反応式で一気に表してみましょう。

n個のスクロースがGTFによってつなげられ、n個のグルコースがつながったグルカンがつくられるとともに、n個のフルクトースができてきます。

n個と書くと難しく感じてしまうので、実際に数字を当てはめたほうがわかりやすいと思います。

例えば、100個のスクロースがあれば、グルコースが100個つながり、フルクトースも100個できるということですね（$n = 100$）。

$$\underset{\text{スクロース}}{nC_{12}H_{22}O_{11}} \xrightarrow{\text{GTF}} \underset{\text{グルカン}}{(C_6H_{10}O_5)_n} + \underset{\text{フルクトース}}{nC_6H_{12}O_6}$$

このようにしてつくられたネバネバのグルカンが歯にくっつき、ミュータンス菌が住み着くというわけです。

そして、グルカンに菌が住みついたものを歯垢と呼ぶんでしたね。

なんと歯垢1 mgあたり1億個以上の菌がいるらしいですよ（恐）。

そして、前述のとおり、歯垢の中でミュータンス菌をはじめとした菌は、酸性を示す分子、すなわちH^+を放出する分子をつくり出しています。

その代表的な分子は「乳酸」で、$C_3H_6O_3$で表します。

やはり名前に「酸」が入っていますね。

なぜ、乳酸をつくり出しているのでしょうか?

ミュータンス菌は、グルカンがつくられるのと同時に生じるフルクトースや、食物に含まれるグルコースなどをエネルギー源としています。

じつは、フルクトースやグルコースを自身のエネルギーにする際に生じる分解物が、酸性を示す分子なのです。

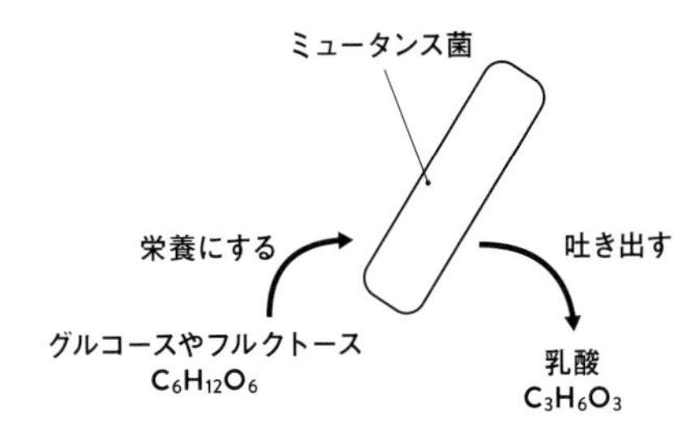

それでは、今度は「乳酸」の構造を詳しく見てみましょう。

下に示した構造を見てください。

真ん中の炭素Cに「H」「CO_2H」「OH」「CH_3」がくっついていますね。

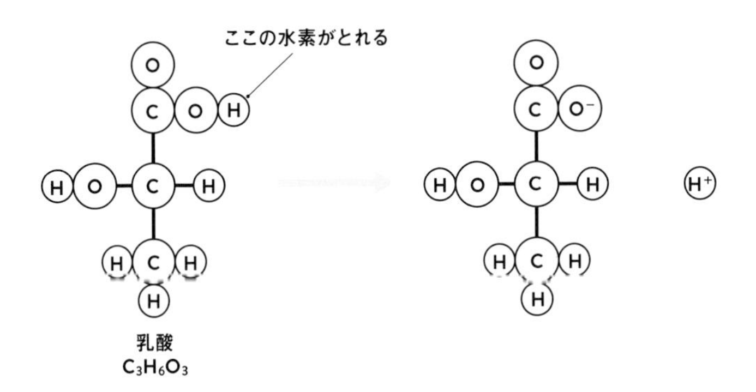

このうち、「COOH」のHがH^+としてとれます。
とれた後、本体の酸素原子はマイナスになっています。
Oはマイナスになりやすいんでしたね（30ページ）。
「COOH」のHはとれやすく、前述の酢酸（CH_3CO_2H）も、「CO_2H」のH^+がとれるんですよ。
酢酸は、お酢の主成分のことでしたね。
次のように、この分子もプラスとマイナスのイオンに分解します。
具体的には、$CH_3CO_2^-$とH^+に分解します。
酢酸と乳酸を見比べてみると、似たような構造であることがわかりますね。

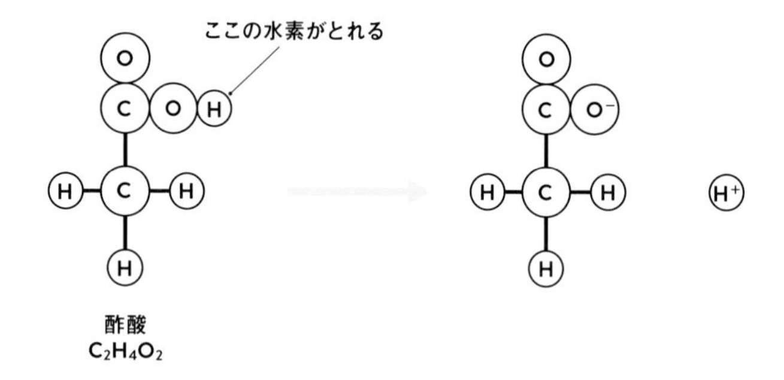

さて、話は戻りますが、このH^+は脱灰を引き起こす要因でしたよね（85ページ）。
これまでの流れを図示すると、次のようになります。

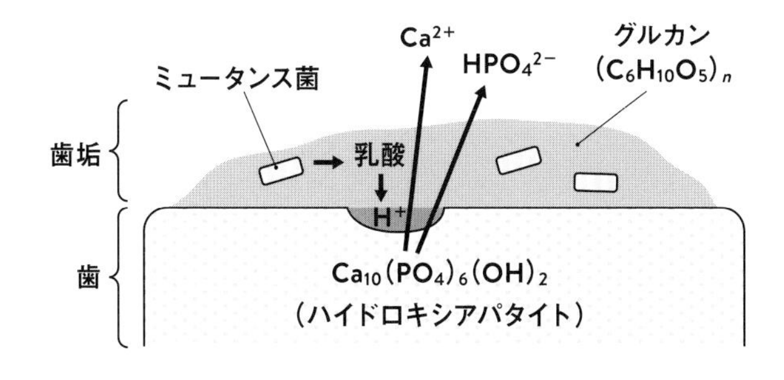

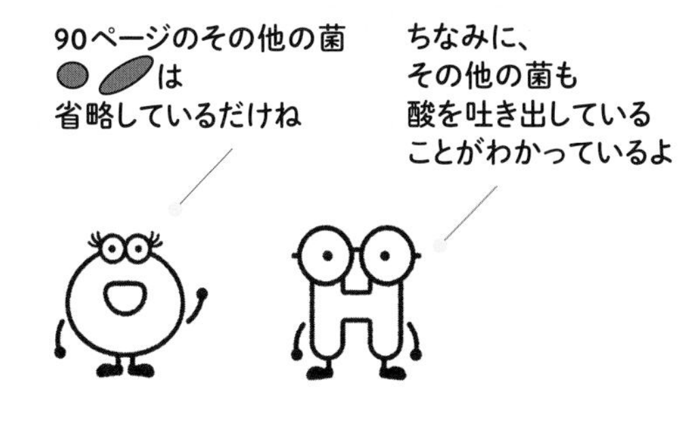

ミュータンス菌はグルカンの中でぬくぬくと暮らし、乳酸を吐き出しているわけですね(じつは酢酸も吐き出します。他にも、ギ酸(HCO_2H)という酸を吐き出しますが、乳酸の割合が多めであることがわかっています)。

こうした過程で出てくる酸が原因となり、脱灰が集中的に起こり、歯が溶けて虫歯になってしまうわけです。

こうなる前に歯磨きをして、歯に付着している歯垢(グルカン+菌)をしっかり除去しておかなくてはなりません!

ネバネバした歯垢は、うがいをしたぐらいでは、なかなか落ちてくれません。

物理的な力で取り除くのが一番であり、やはり歯磨きが有効です。

歯磨き粉には研磨剤(効率よく磨くための粒子)が入っており、ネバネバした歯垢を取り除くのに有効なんですよ。

3 虫歯になりづらい甘いもの ～もっと詳しく！～

前節では、砂糖が虫歯を引き起こす要因になってしまうことを説明しました。

じつは、この世界には、砂糖のように甘い味がするけれど、食べても虫歯になりづらい分子があります。

有名な分子のひとつとして、「キシリトール」が挙げられます。

キシリトール入りのガムが有名ですよね。

この分子の化学式は$C_5H_{12}O_5$です。

構造を詳細に描くと、次のようになります。

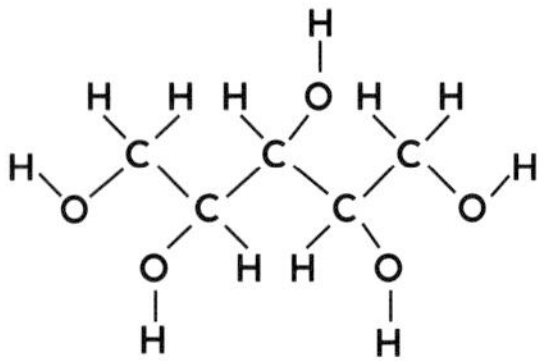

キシリトール
$C_5H_{12}O_5$

キシリトールはなぜ、甘い味がするにもかかわらず、虫歯になりにくいのでしょうか？

その疑問に答える前に、まずはスクロース（砂糖）が虫歯を引き起こす理由を思い出してみましょう。

スクロースは、ミュータンス菌がグルカンをつくるための材料にされてしまいましたよね。

そして、そのときに生じるフルクトースは、ミュータンス菌の栄養となった後に乳酸として排出されてしまうんでしたね。

では、キシリトールの場合はどうでしょうか？

まず、キシリトールは、スクロースのようにグルカンをつくるための材料にはなりません。

さらに、ミュータンス菌はキシリトールを栄養にしないので、乳酸に変換されることはありません。

そのため、甘い味がするのに虫歯になりづらいんですね。

ここでひとつ、疑問が生じます。

キシリトールとスクロースは構造が大きく異なるように見えますが、なぜどちらも甘いのだろう……という疑問です。

下記のようにキシリトールの描き方を少々変えてみると、スクロースを構成するグルコースやフルクトースと構造が似ていることがわかります。

水酸基がたくさんあるところも似ていますね。

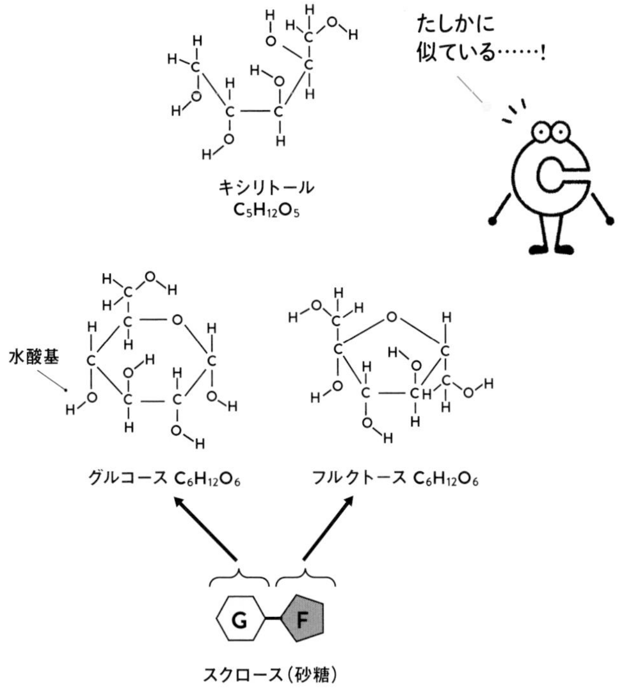

キシリトール $C_5H_{12}O_5$

たしかに似ている……!

水酸基

グルコース $C_6H_{12}O_6$　フルクトース $C_6H_{12}O_6$

G F

スクロース(砂糖)

それもそのはず、キシリトールは、キシロースという、グルコースにそっくりな分子から、化学反応によって(人工的に)つくられた分子なのです。

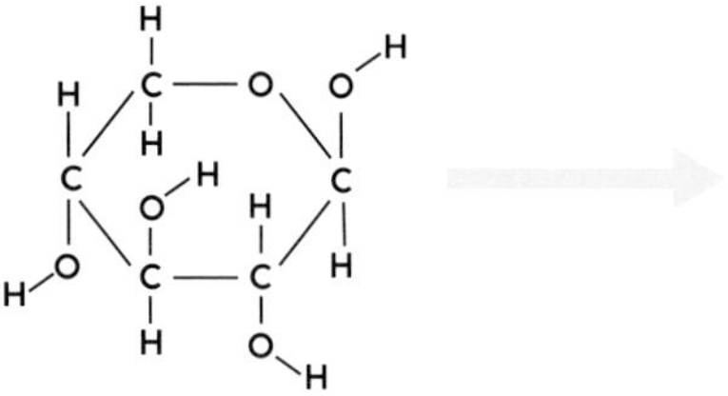

キシリトール
$C_5H_{12}O_5$

キシロース $C_5H_{10}O_5$
（キシリトールの原料）

キシロース

$C_5H_{10}O_5$

（キシリトールの原料）

　ちなみにキシロースは、トウモロコシに含まれるキシランという分子（キシロースがたくさんつながっています）を分解することにより得られるんですよ。
　キシリトールはトウモロコシ由来の分子だったんですね！

　さて、キシリトールはスクロースと構造が似ている……ということを紹介したわけですが、甘い味を示す分子は、スクロースと構造が似ている分子だけではありません。
　有名な分子のひとつとして、「アスパルテーム」が挙げられます。

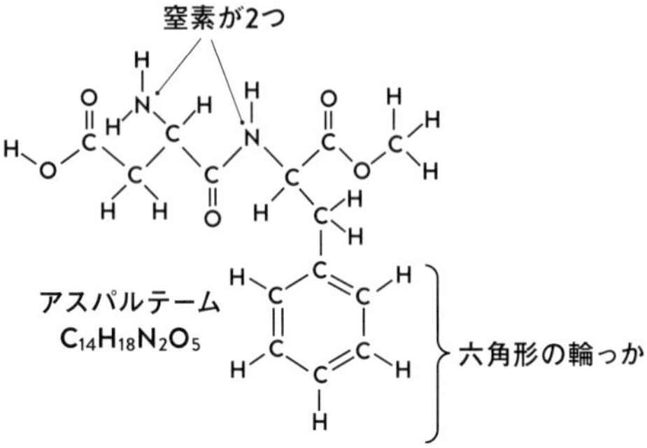

窒素が2つ

アスパルテーム
$C_{14}H_{18}N_2O_5$

六角形の輪っか

この分子は、スクロースの200倍甘いにもかかわらず、虫歯を誘発させる作用はないという報告があります。

ご覧のとおり、一目瞭然、スクロースの構造とは似ても似つきませんね。

窒素が2つ含まれていたり、六角形の輪っかが含まれていたりします。

ちなみに、この六角形が有名な「ベンゼン環」です。市販薬や育毛剤などのパッケージなどに描いてあるのを見たことがあるかもしれません。

下のような簡略化された形で描かれているケースも多いです。

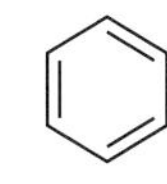

アスパルテームは、スクロースと構造がまったく違うのに、非常に甘いというのだから驚きです。

しかもアスパルテームは、私たちの体の中でほとんど栄養にならないため、ダイエットシュガーとしても使うことができるんですよ。

4 セッケン ー水と油について考えようー

さて、歯の話題から移りましょう。

洗面所には、洗濯用の洗剤が置いてあることが多いと思います。

洗濯用の洗剤は、もちろん服を洗ってきれいにするためのものです。

洗う作業といえば、他にもハンドソープで手を洗ったり、お風呂ではシャンプーで頭皮や毛髪を洗ったりしますよね。

場所はキッチンに戻りますが、台所用の洗剤で食器や食べ物の汚れを落とすのも洗う作業です。

このように「洗う」といっても、いろいろありますよね。

それでは、洗剤やシャンプーなどは、化学の世界ではどのように表すのでしょうか?

それらの成分は改良されつづけ、いろいろな分子が開発されてきました。

分子の種類はさまざまですが、泡立てて洗浄するメカニズムは、根本的には似たようなものです。

泡立てて洗浄するために使われている分子は、歴史を遡(さかのぼ)ってみればすべて石鹸(せっけん)にたどり着きます(少々乱暴な物言いかもしれませんが……)。

まずは泡立て洗浄のルーツである石鹸の分子についてお話ししますね。

かなり昔の話になりますが、もともと人は洗濯を、水による洗浄だけで行なっていました。

道具と水を使い、物理的な力でゴシゴシして汚れを洗い落としていたのです。

ちょっと擦(こす)っただけで落ちる汚れはそれで取り除かれ、水に溶ける汚れは水に溶けて洗い流されていたでしょう。

このように、代表的な洗い方には、物理的な力で落とす手法と、汚れを液体に溶かす手法の2つがあったわけです。

しかし、問題は油汚れです。

油汚れは水に溶けませんし、ゴシゴシしたところでなかなか落ちませんよね?

それでも、人類は水による洗浄だけで洗い物をしていたわけです。

そのような状況のなか、あるとき石鹸が見つかりました。

どんなときに見つかったのかというと、はるか昔の古代ローマ時代、神殿に供えるための羊の肉を焼いているときに偶然発見されたといわれています。

羊の肉から落ちてきた物体を使うと、汚れがよく落ちることがわかりました。

この汚れをよく落とす物体は、じつは羊に含まれる「油脂」に由来するものでした。
この油脂に由来する物体が、石鹸だったのです。

それでは、油脂から石鹸がどのようにしてつくられるのか、そして石鹸はどのような構造をしているのかを見ていきましょう。
油脂の構造については、キッチンのところで学びましたね。
油脂を水酸化ナトリウム（NaOH）という薬品と反応させると、図に示した位置で分解されます。

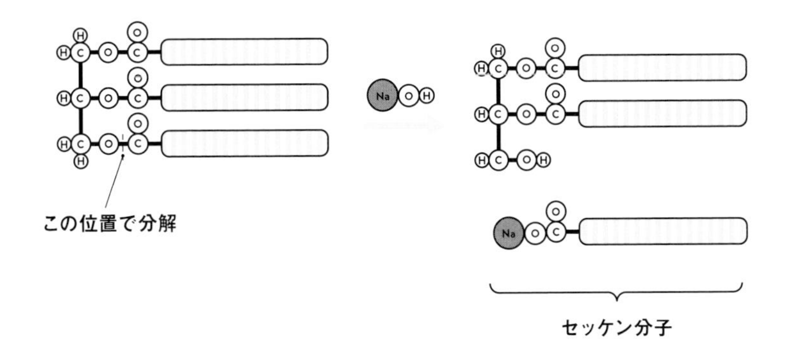

こうして生じた分子がセッケンです。
化学の世界では、石鹸の分子を「セッケン」と片仮名で表記するのが一般的です。
本書でも、以降はセッケンと表記します。
さて、上の反応は、油脂とリパーゼの反応と似ていますね（63ページ）。
リパーゼのときと異なり、セッケン分子の端にはNaOHに由来するNaがくっついています。
実際に、石鹸はこのような工程でつくられています。
ちなみに、右側の細長い四角には、以前述べたように炭素Cと水素Hからなるいろいろな構造が入るんですよ（56ページ）。
次のように、油脂1分子から、セッケンの分子が最大で3つとれます。

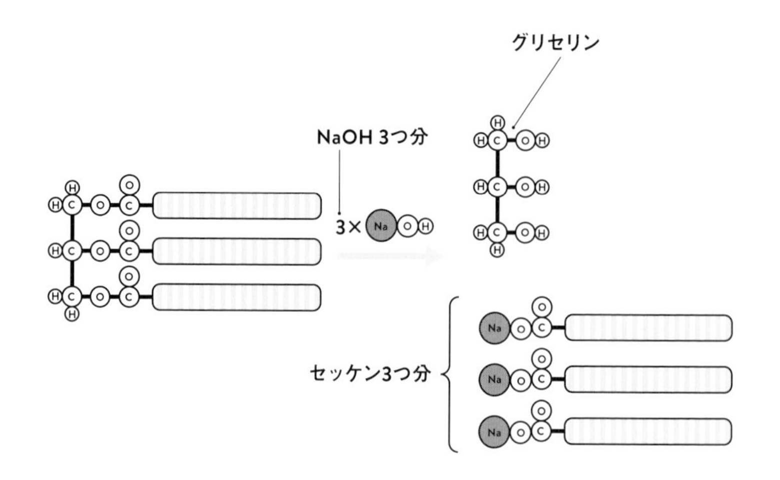
グリセリン
NaOH 3つ分
3×
Na
セッケン3つ分

古代ローマ時代に発見された際は、羊の肉に含まれている油脂と、焼いている際に生じた木灰（NaOHと同様、油脂を分解する成分が含まれています）が反応して、意図せずに石鹸ができていたそうです。

ちなみに、セッケンと同時に生じるグリセリンという分子は、医薬、化粧品、食品などの分野で役に立ちます。

無駄がなくて素敵ですね。

化学の世界に限ったことではありませんが、余計な廃棄物を極力抑えることは、コスト面や環境面から大事なことです。

さて、セッケン分子は、どのようにして汚れを落としてくれるのでしょうか？

先ほど述べたとおり、水で洗い流せる汚れならば落とすのは難しくありませんが、油汚れは水では落ちませんよね。

ここで、そもそも水と油がどういったものなのかを、化学の視点で考えてみましょう。

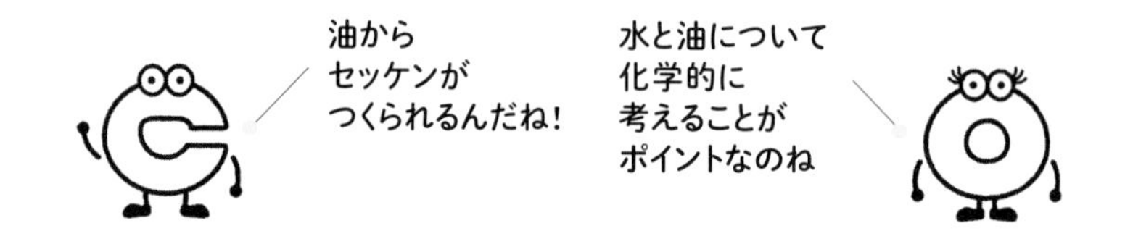
油から
セッケンが
つくられるんだね！
水と油について
化学的に
考えることが
ポイントなのね

水と油は、お互いに混じり合わないものとして有名ですよね。
身近な例でいえば、サラダを食べるときに使うドレッシング。
置いておくと、上下に液体が分離するタイプのドレッシングのことです。
このタイプは、わざわざ振ってから使いますよね？
あの分離している液体が、水と油なんです。
油が水に浮くことからわかるように、基本的には上側の液体が油で、下側の液体が水です。
それでは、水と油について、分子のレベルで考えてみましょう。

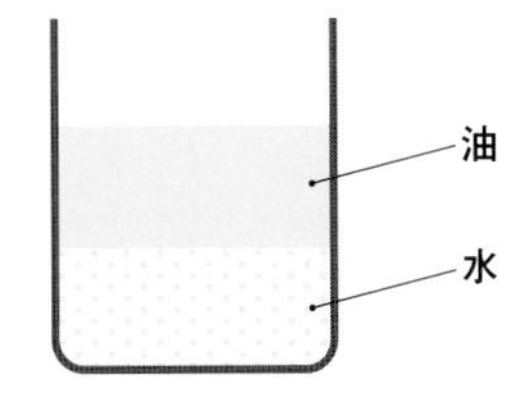

まずは、水について考えていきます。
これまで見てきたように、水の分子H_2Oはわずかに帯電しています。

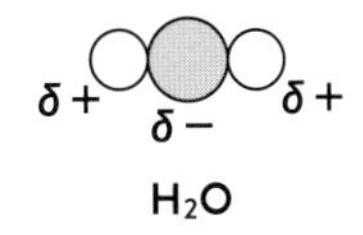

水は、プラスもしくはマイナスの電気を帯びているイオンや、わずかに電気を帯びている分子を溶かすことができるという話でした。
水に溶かすことができる塩や砂糖の図を思い出してください。
塩はイオンから構成されており、砂糖は$\delta+$と$\delta-$で表記されているとおり、わずかに電気を帯びている水酸基をいくつももっているんでしたね。

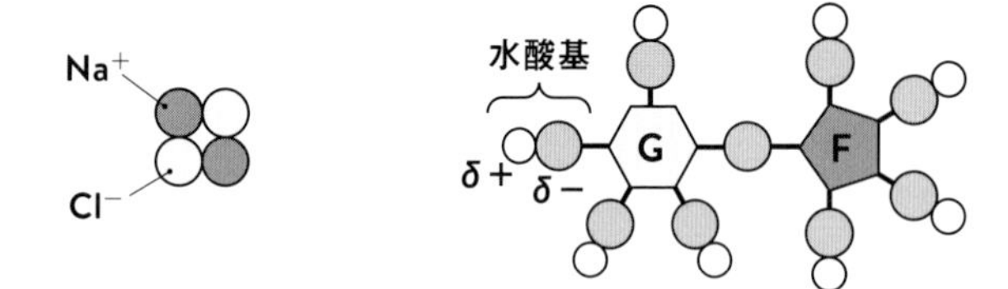

続いて、油について見ていきます。

先ほども登場した油脂の構造で考えてみますね。

油脂の構造の大部分を占めている、右側の細長い長方形の部分に着目しましょう。

この部分の具体的な構造をひとつ示します。

炭素Cと水素Hの組み合わせがつながった構造をもっているんでしたね。

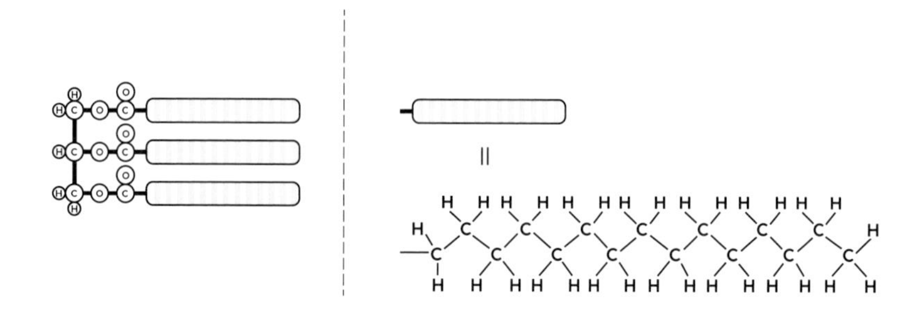

結論をいうと、この部分はあまり電気を帯びていないため、油脂は水には溶けない（混じり合わない）のです。

「水」や「水酸基」を見てわかるように、水素Hはプラスの電気を帯びやすいわけですが、それはマイナスの電気を帯びやすい原子とペアになったときの話なんです。

今一度、30ページに載せた一覧を示しておきますね。

プラスの電気を帯びやすい原子………水素H、ナトリウムNa
マイナスの電気を帯びやすい原子……酸素O、塩素Cl、窒素N、
フッ素F
どちらでもない原子……………………炭素C

「どちらでもない原子」である炭素Cと水素Hがペアの場合、水素Hはあまりプラスの電気を帯びなくなるんです。

このあまり電気を帯びていないCとHのペアが油脂の構造の大部分を占めるため、水と混ぜたとしても、H_2Oの$\delta+$や$\delta-$と強く引き合うことができません。

そのため、油脂は水に混ざり合わない（溶けない）のです。

さて、水に溶けない分子は油脂だけではありません。

例えば、自然からとれる「石油」の中には、水に溶けないいろいろな分子が含まれています。

名前に油が入っているので、連想しやすいですよね。

いろいろな分子が含まれていて、それらは分離されてさまざまな製品に生まれ変わります。

例えば、ガソリンやタイヤ、プラスチックなどの製品です。

それでは、石油の中にはどのような分子が含まれているのでしょうか?

石油に含まれている分子の一部を下に示しました。

油脂の構造の中に見られたような、炭素と水素の組み合わせをもつ分子ばかりですね。

直線状のものや、輪っかになっているものがあります。

炭素と水素から成り立っているので、化学の世界ではこのようなタイプの分子をまとめて「炭化水素」と呼びます。

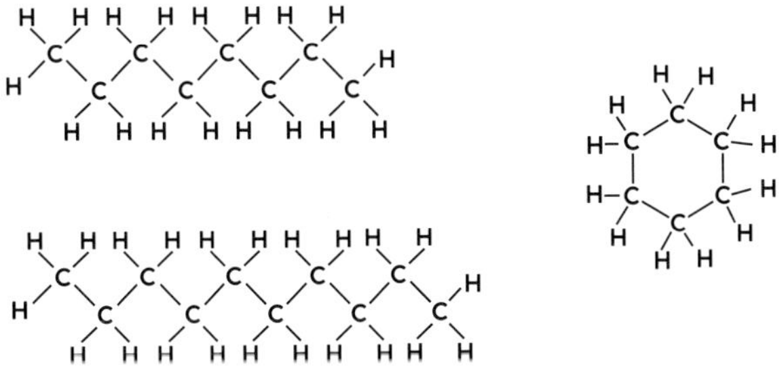

水に溶けない分子として、油脂と石油を紹介しました。

そのような分子は油脂と石油に限らず、本書では紹介しきれないぐらいたくさん存在しているんですよ。

5 セッケン ―洗浄について考えよう―

それでは、洗浄の話に戻りましょう。

水だけだと、油汚れと混じり合わないので、衣服や頭皮、食器などに付着した油汚れを除去することができない……という話でした。

イメージ図で表すと、次のようになります。

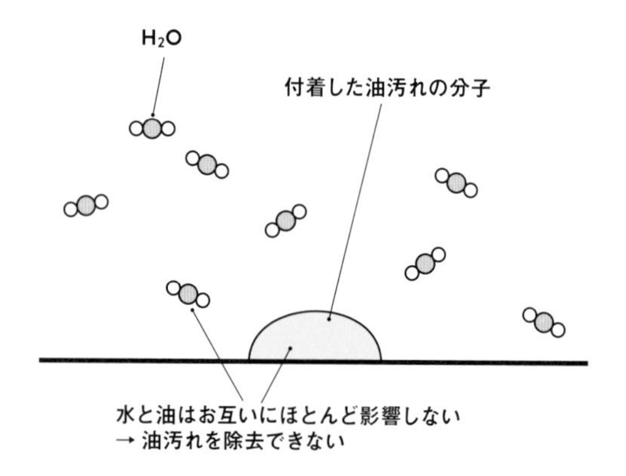

その一方で、塩や砂糖のように、汚れが水に溶ける分子だった場合はどうでしょうか?

水の分子と汚れが電気的な力で引き合い、汚れを比較的簡単に洗浄できるでしょう。

これは、塩や砂糖を溶かすのと同じことですね（31、39ページ）。

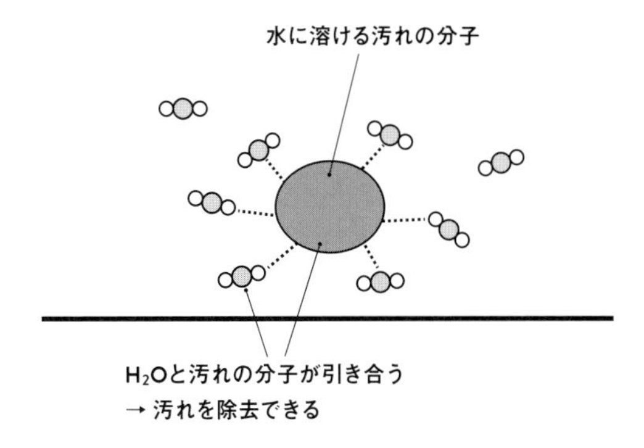

それならば、油汚れは油に溶かして洗い流すのが筋というものです。

しかし、油は水と違って乾かすのが困難ですし、乾かしやすい油もありますが、引火性が高いものばかりなので危険です。

大量の油を廃棄するのも一苦労ですから、そのような洗浄法を行なうのは大変ですよね。

そこで、セッケンの出番というわけです。

ちなみに、油（有機溶剤）を
使った洗浄法は
クリーニング屋さんで
行なわれているんだよ

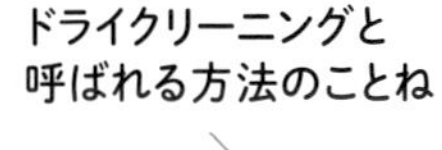

さて、今一度、セッケン分子の構造をよく見てみましょう。

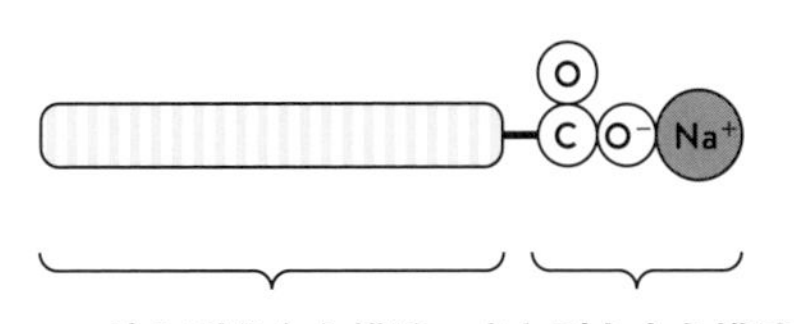

左側の構造は、炭素と水素の組み合わせがたくさん並んでいるので、油っぽい部分でしたね。

水とは混じり合わない構造をしています。
一方、右側の構造はどうでしょうか?
じつは、103ページでは明記していませんでしたが、右端のナトリウムと酸素は、それぞれプラスおよびマイナスの電気を帯びています。
プラスになりやすいナトリウムと、マイナスになりやすい酸素原子であり、イオンになっています。
ここは塩（Na^+とCl^-）に近い構造なので、水に溶けやすい部分といえます。
ということは……セッケン分子は、油っぽい構造（油汚れのほうに集まる部分）と、水に溶けやすい構造（水と引き合う部分）をひとつの分子の中に持っているというわけですね。
このことが大きなポイントになります。

セッケン分子が水に溶けると、ナトリウムイオン（Na^+）と、マイナスの電気を帯びたそれ以外の部分に分解します。
水の分子の影響ですね。
これは塩が水に溶けるときと同じなので、確認してもらえればと思います（31ページ）。

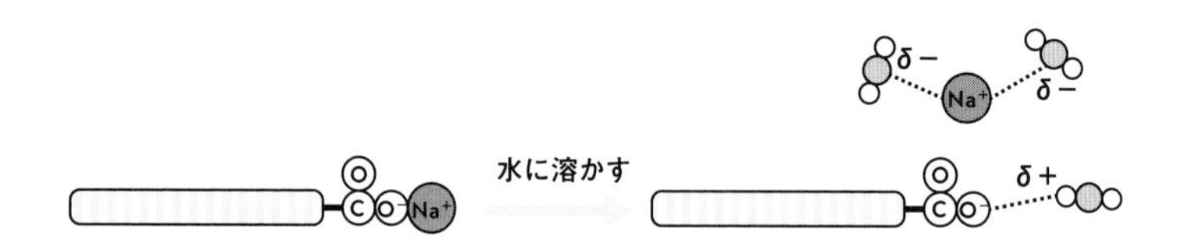

さて、わかりやすくするために、水に溶けたセッケン分子を、簡略化した模式図で描いてみましょう。

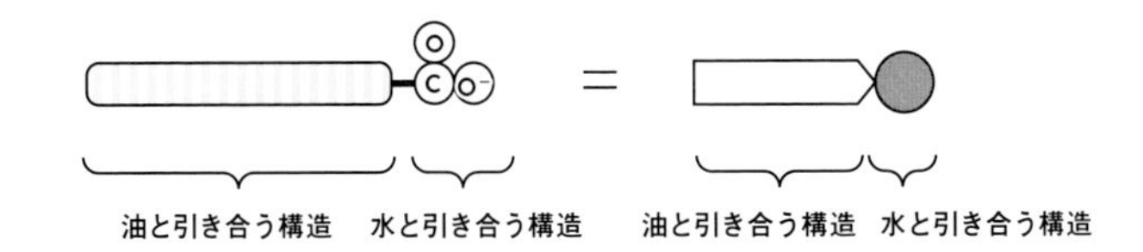

これでかなりシンプルになりました。

それでは、この図を使って洗浄について説明しますね。

次のページの図の1は、油汚れが洗濯物や頭皮、食器などに付着しているところを表したものです。

大量に存在している水の分子は省略しています。

いつも私たちがしているように、セッケン（洗剤やシャンプー）を使って洗ってみましょう（図の2）。

水の中で油汚れを見つけると、セッケン分子は油っぽい構造の部分を油汚れに近づけます。

その様子を図の3に示しました。

一方、セッケン分子のイオンである部分は油汚れから遠ざかり、周囲にある水分子の方向を向きます。

こうして、セッケン分子たちが、油汚れのまわりを取り囲みます。

油っぽい構造は油汚れのほうを向き、イオンの部分は水と引き合っているわけですね。

続いて、図の4に示したように、油汚れが水の中で浮き上がります。

このまま水で洗い流せば、油汚れを除去できるでしょう。

これがセッケンによる洗浄の原理です。

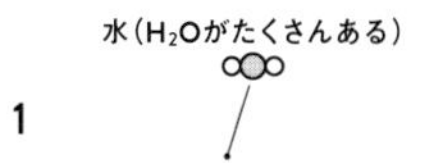

1

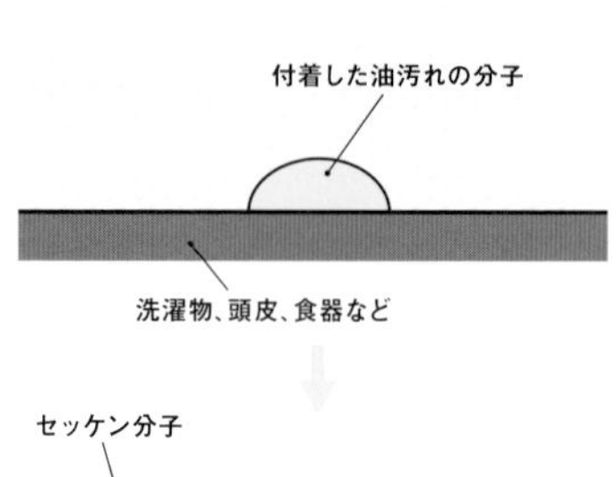

2

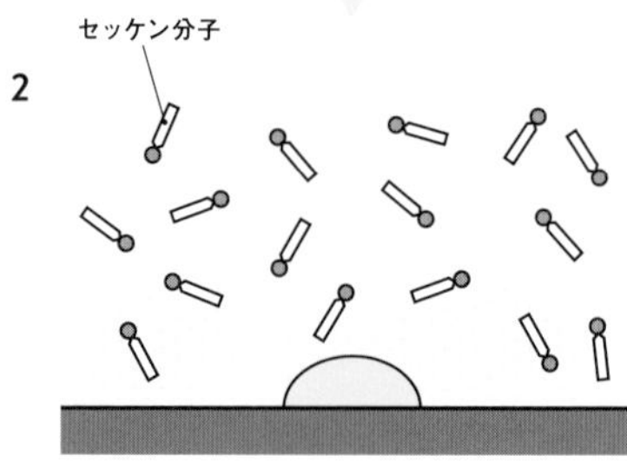

3

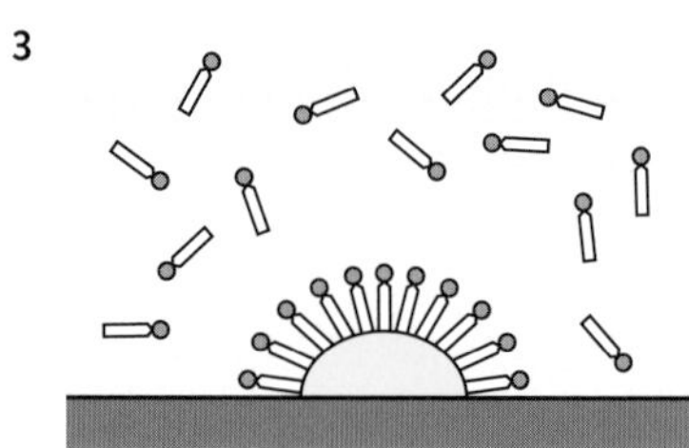

4

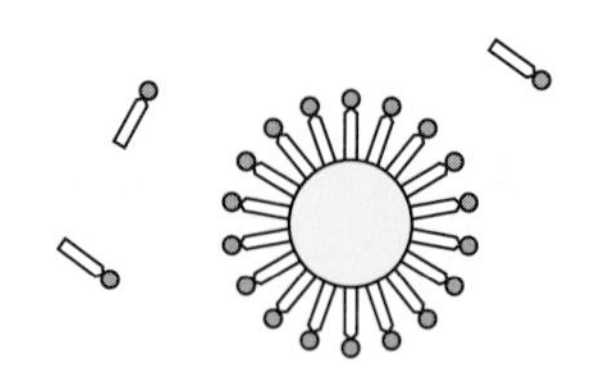

セッケン分子が
油汚れを
包み込んでるよ!

ひとつの分子の中に
油っぽい構造と
水に溶けやすい構造を
持っているから
水の中でこんなふうに
油汚れを除去できるのさ

研究者の手によって、さまざまな構造のセッケン分子が開発されています。

それらは身のまわりの洗剤やシャンプーに含まれ、活躍しているんですよ。

ちなみに、セッケンの泡ってなんなのでしょうか?

正解は……セッケン分子が汚れではなく、空気を包み込んだときに生じるものです。

図で表すと、次のようになります。

やはり、イオンの部分が水のほうを向いていますね。

セッケン分子が空気を包み、破れにくい膜をつくり上げています。

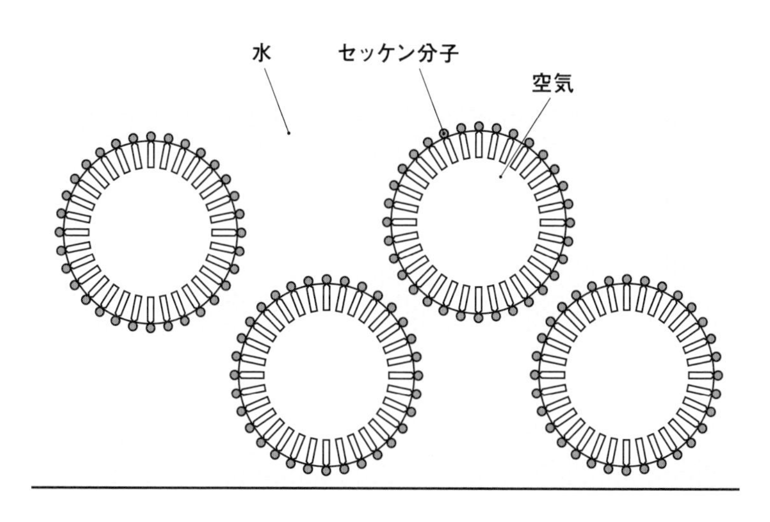

この泡が空気中に飛び立った場合、シャボン玉の状態になります。

分子のレベルで見てみると、どうなっているのでしょうか?

その構造を次に示しました。

空気が、薄い水の膜で覆われています。

その膜の外側と内側にセッケン分子が並んでいますね。

ここでも、ちゃんとイオンの部位が水の方向を向いています。

やはりセッケン分子の力によって、膜が破れにくくなっているんですよ。

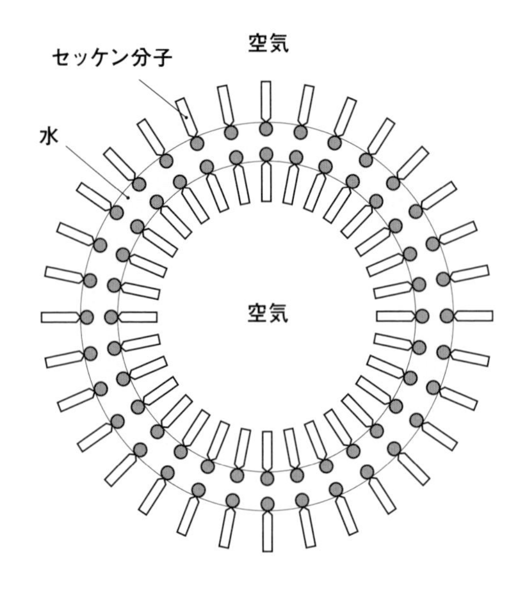

6 髪の毛とタンパク質

さて、洗面所や風呂場では、髪の毛のセッティングやケアをすると思います。
では、そもそも……髪の毛ってなんなのでしょうか?
ここでは、髪の毛を分子のレベルで見ていきたいと思います。
まずは、髪の毛の断面にズームインしてみましょう。

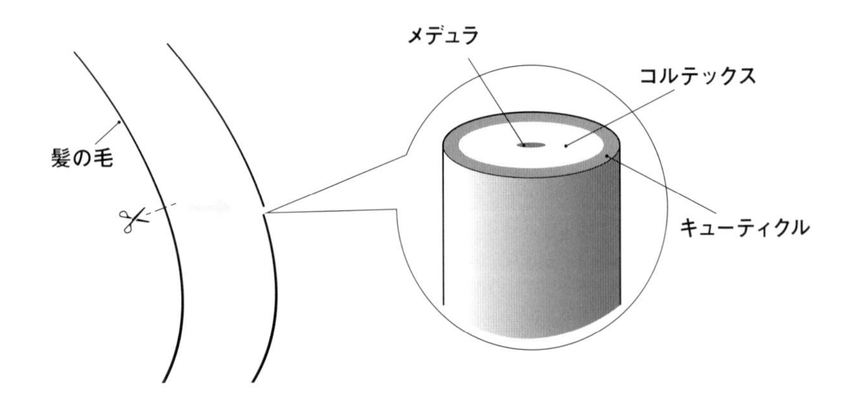

外側の層と内側の層、中心の部分がありますね。

外側から、「キューティクル」「コルテックス」「メデュラ」と呼ばれています。

ざっくり分類すると、髪の毛はこの3つから成り立っているんですよ。

外側のキューティクルという言葉はよく耳にしますよね?

髪の毛のツヤや手触りに関わるところですね。

コルテックスは強度やコシ、髪の色に関係しています。

メデュラは髪の毛の芯にあたる部分で、小さな空洞がたくさん存在しています。

断熱効果をもつともいわれていますが、メデュラの働きの詳細はあまりよくわかっていないようです。

さて、髪の毛の主な成分はなんでしょうか?

答えは……「タンパク質」です。

タンパク質は、よく耳にする言葉だと思いますが、これは体のいたるところにあります。

体の中はタンパク質だらけなんです。

髪の毛だけではなく、肌や爪もタンパク質だし、筋肉や臓器もタンパク質です。

まだまだあります……!

血液中で酸素を運ぶことで有名なヘモグロビンもそうなんですよ。

じつは、今まで隠していましたが、たびたび登場しているさまざまな「酵素」もタンパク質なのです。

さらに、味覚のところで登場したII型細胞の受容体、匂いのところ(シクロデキストリン)で登場した受容体もタンパク質です(43、52ページ)。

人間にとって、タンパク質はとっても重要なものなんですね。

そんなタンパク質は、私たちの細胞の中でつくられています。

細胞については第3章で紹介しましたね(12ページ)。

人の体は細胞が約37兆個集まっていると述べました。

タンパク質は細胞の中でつくられた後、そのまま細胞の中で、または細胞の外に送り出されて使われます。
砂糖や匂い分子の受容体のように、細胞の表面で使われることもあります。
多岐にわたって活躍しているタンパク質ですが、それらはどのような構造なのでしょうか?
ざっくりいうと、「アミノ酸」という分子がたくさんつながってつくられたものがタンパク質です。
では、「アミノ酸」とはなんなのでしょうか?
アミノ酸の構造を、分子のレベルで見ていきましょう。

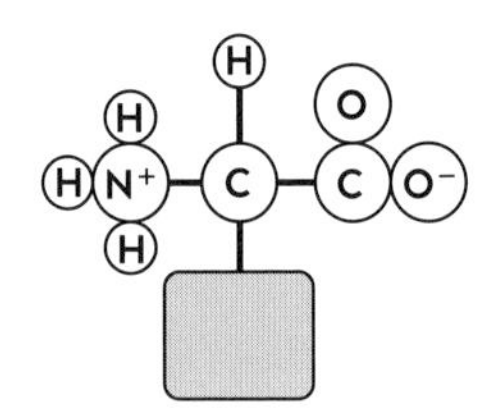

真ん中の炭素Cに、「H」と「H_3N^+」、「COO^-」がくっついています。
最後のひとつは、四角い模式図で表しました。
ここには、いろいろな構造が当てはまります。
このような構造をもつ分子がアミノ酸なんですね。
ご覧のとおり、アミノ酸はプラスの電気とマイナスの電気が離れた箇所に存在している分子です。
このようなタイプの分子もあるんですよ。
四角で表した模式図の部分は、具体的にはどのような構造なのでしょうか?
例えば、次に示すような構造が入り、それぞれのアミノ酸には名前がついています。

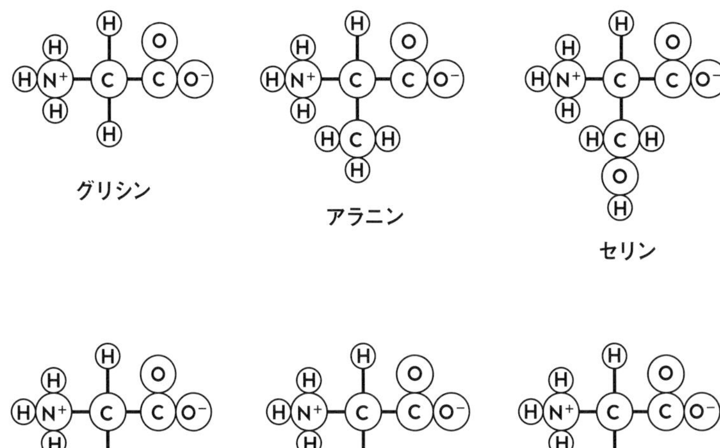

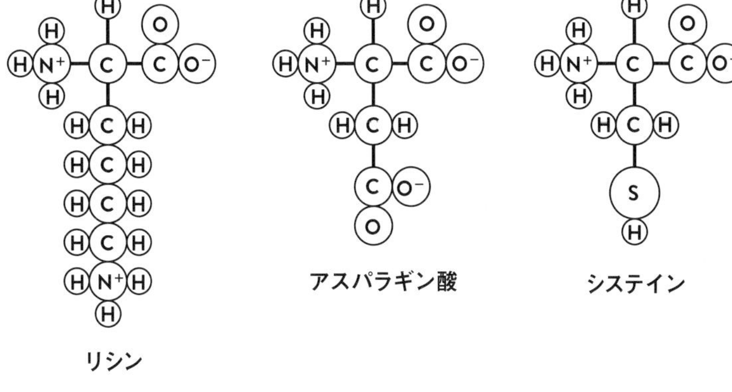

水素Hがくっついている「グリシン」、炭素と水素の組み合わせ「CH_3」をもつ「アラニン」、さらに水酸基（OH）がくっついている「セリン」、さらにもうひとつの「NH_3^+」や「COO^-」がついた「リシン」と「アスパラギン酸」もあります。
「SH」といったように硫黄が含まれている「システイン」もありますね。

バリエーションが多く、まだまだたくさんあるんですよ。

ちなみに、私たち人間のタンパク質をつくるために必要なアミノ酸は20種類あります。

アミノ酸が含まれている商品のなかには、アミノ酸の名前を強調して宣伝している場合もあるので、聞き覚えがあるものもあるかと思います。

アミノ酸は、タンパク質の材料だったんですね。

さて、アミノ酸にはいろいろな種類があることを紹介しました。
これらのアミノ酸がたくさんつながると、タンパク質になります。
タンパク質の構造を下に示しました。
アミノ酸がひたすらつながっているのがわかると思います。

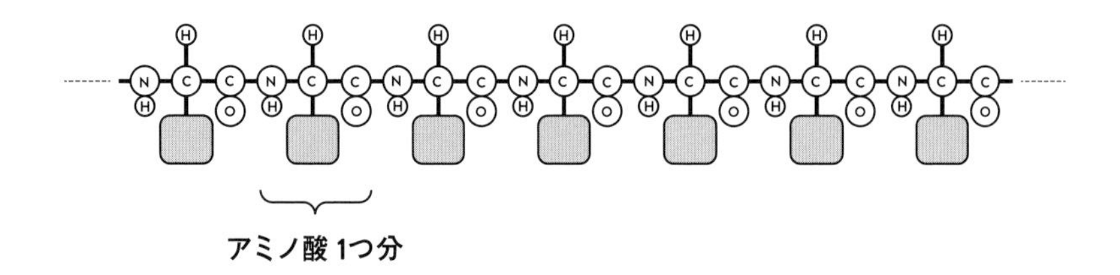

アミノ酸が共通してもっている「H_3N^+」と「COO^-」の部分が結びついてつながり、タンパク質ができ上がります。
実際は複雑な過程を経て、細胞内でタンパク質がつくられています。
よく耳にするDNAは細胞内に存在していますが、その役割はタンパク質の設計図みたいなものですね。

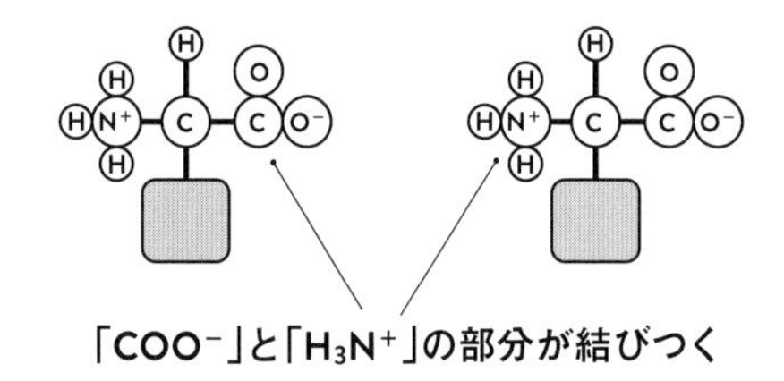

ひたすらアミノ酸がつながっているわけですが、タンパク質の種類によって、つながる数は違うんですよ。
また、四角い模式図で示してある各々の部分には、人間の場合、先に述べたとおり20種類のアミノ酸の構造のどれかが当てはまります。
つながるアミノ酸の数と種類のバリエーションはさまざまであり、多種多様なタンパク質ができることになりますね。
最終的には、アミノ酸が長々とつながったものが折りたたまれたり、別の分子がくっついたりして、体のいろいろなところで活躍します。

アミノ酸は何個ぐらい
つながっているの?

100個ぐらいのものもあれば、
1000個以上のものもあるよ。
数万個もつながっている
タンパク質だってあるんだよ

アミノ酸だけでも
20種類もあるのに、
そんなにつながるの?
タンパク質の
バリエーションが
多いのもうなずけるわね

さて、髪の毛の話に戻りましょう。

髪の毛は多数のタンパク質（髪の毛は主にケラチン）からつくられているわけですが、それらのタンパク質は、お隣のタンパク質と化学的な力で引き合っています。

タンパク質が隣同士で並んでいる様子を示したイメージ図を次に示しました。

理解しやすいように、真っ直ぐに並べています。

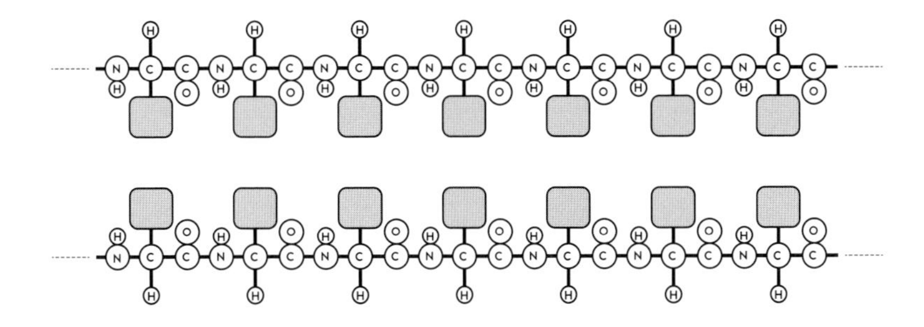

次に示したのは、タンパク質が隣同士で並んでいる様子を縦向きに描いた図です。

A、B、Cの3種類の図がありますね。

それぞれ、タンパク質同士が違う種類の力で引き合っている様子を示したイメージ図なんですよ。

Aの図がイオン結合、Bが水素結合、Cがジスルフィド結合です。「結合」とは、2つ以上のものが結び合って1つになることを意味しますが、化学の世界でも、2つの分子がお互いに化学的な力で引き合って1つの分子になれば、「結合した」といいます。

とくに、どのような力で引き合ってつながったのかを分類するために、そのつながり方を図のように「○○結合」と名前をつけて分類しているんですよ。

じつは、完全に1つの分子にならなくても、弱い力でゆる〜く引き合っていれば、「○○結合がある」とか「○○結合で引き合っている」といいます。

この点は、普段使っている「結合」という単語のイメージと違うかもしれません。

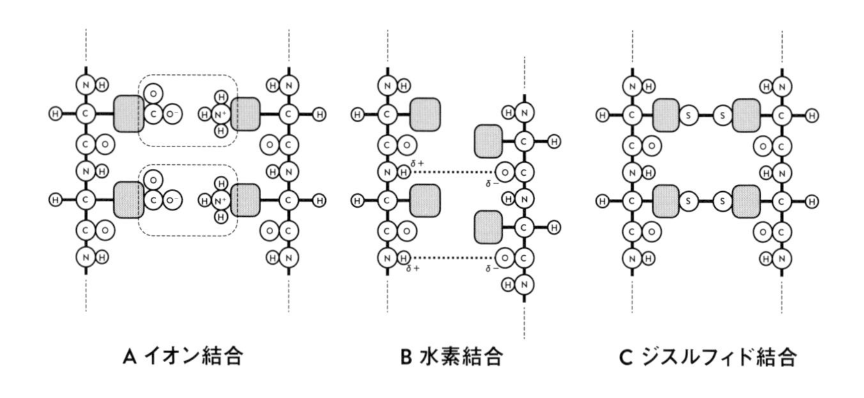

A イオン結合　　B 水素結合　　C ジスルフィド結合

Aは、イオンのプラスとマイナスが互いに引かれ合っていることを示した図です。

アミノ酸のリシンとアスパラギン酸は、四角い図で示した構造の中にプラスやマイナスの箇所がありましたよね。

その箇所が引き合うんですよ。

これは、イオン同士の電気的な結びつきであるため、イオン結合と呼ばれています。

Bは、水素のわずかにプラスのところ（δ+）と、酸素のわずかにマイナスのところ（δ-）が引き合っている図です。

この様子は、水の中に砂糖が溶けるときに働く力と似ていますよね（39ページ）。

この結びつきは、水素のδ+が関わるため、水素結合と呼ばれています。

この結合は、わずかにプラスの部分とわずかにマイナスの部分が引き合うので、イオン結合よりも弱い力です。

最後のCは、硫黄Sと硫黄Sが直接結ばれている図です。

アミノ酸のシステインは、「SH」の部分を持っていましたね。

この「SH」の部分同士が結ばれており、これをジスルフィド結合と呼んでいます。

ちなみに、硫黄SにもともとくっついていたH（水素原子）は取り去られています。

3種類の「結合」が登場しました。

（A）プラスとマイナスのイオンのように、電気的に引き合っているイオン結合と、（B）電気的な弱い力で引き合っている水素結合、そして、（C）原子と原子が直接くっついている結合です。

一般に、原子と原子が直接結ばれている結合のことを「共有結合」と呼びます。

H－HやC－C、C－Oなど、本書で登場してきた多くの結合がこれに当たります。

硫黄同士の場合には、とくに「ジスルフィド結合」と呼ばれているのです。

7 パーマの化学

ここでは、髪の毛に関連したテーマとして、パーマについてお話しします。

パーマ液は主にコルテックスに作用します。

コルテックスを詳しく見てみましょう。

拡大して見てみると、タンパク質同士が結びついているのがわかりますね。

120ページでは3種類の結合A、B、Cを分けて図示しましたが、実際は入り混じって存在しています。

パーマをかける際には、これらの結合が大きく影響を受けるんですよ。

それでは、パーマをかけるときに、これらの結合がどうなっていくのかを見ていきましょう。

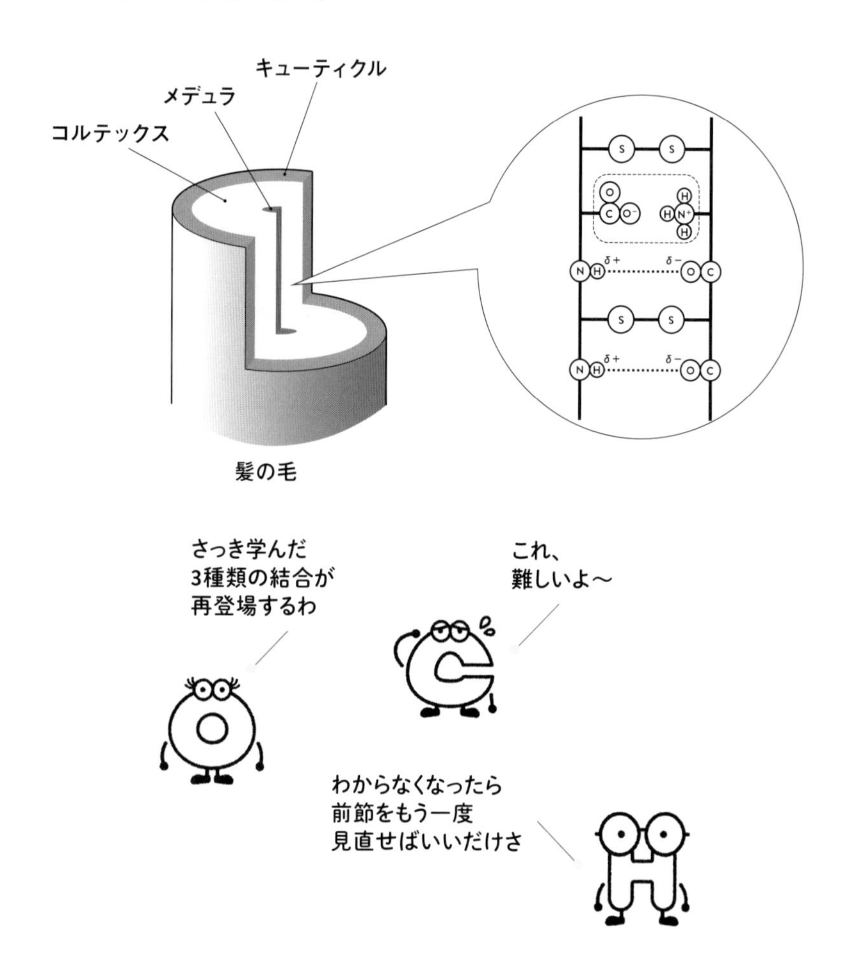

例えば、髪の毛の中のタンパク質が次のページの図に示したように並んでいるとします。

わかりやすくするために、A、B、Cの結合を順に並べました。

それでは、パーマをかけていきましょう。

はじめに、髪の毛を濡らしますね。

そうすると、水、つまりH_2Oが大量に入り込んできます。

H_2Oのわずかにプラス、わずかにマイナスの部分の影響で、タンパク質の水素結合（Bの結合）が切れます。

イオン結合（Aの結合）やジスルフィド結合（Cの結合）は切れません。

A、B、Cのなかで、Bの水素結合は一番弱いのです。

水で洗うだけで切れてしまうわけですからね。

ちなみに、濡れた髪を乾かせば、切れてしまった水素結合が復活するんですよ。

美容師さんにパーマをかけてもらったり、自分でかけたりしたことがある人は知っていると思いますが、2種類のパーマ液を使います。

1液、2液もしくは1剤、2剤と呼ばれることが多いですよね。

1液には、Aの結合を切る成分と、Cの結合を切る成分が入っています。

イオン結合（A）を切る成分は「アルカリ剤」、ジスルフィド結合（C）を切る成分は「還元剤」と呼ばれるものです。

A、B、Cのなかで、Cのジスルフィド結合は最も強い力で結ばれています。

髪の形を変えるためには、この結合を切ることが大事なポイントになるんですよ。

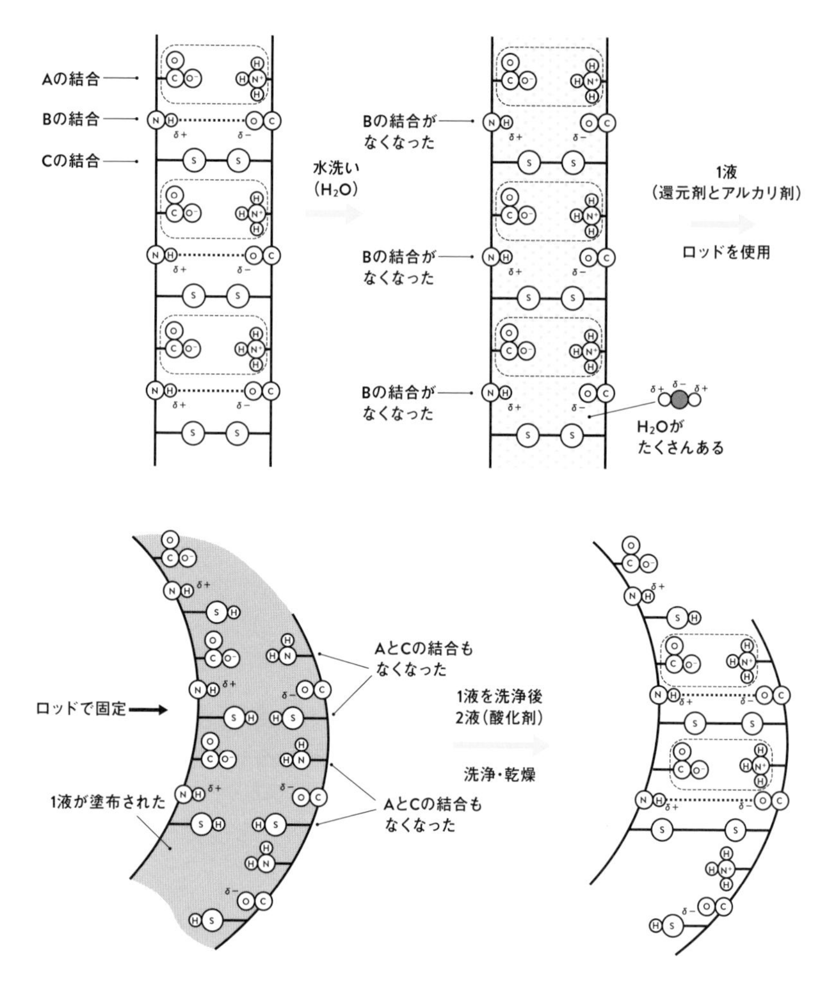

さて、アルカリという言葉が登場しましたね。

アルカリといえば、「酸性」と「アルカリ性」という用語をセットで学校で習ったと思います。

リトマス試験紙の色を変え、pH（ピーエイチ）でその強さが示され、混じり合うと中和する性質があるんでしたね。

髪の毛のイオン結合は、酸性もしくはアルカリ性の度合いが強すぎると切れてしまいます。

パーマの1液は、髪の毛をしっかりとアルカリ性にする「アルカリ剤」が入っているので、Aのイオン結合が切れます。

このとき、アルカリ剤の影響によって、下のように構造が変化していきます（酸であるH^+が離れていきます）。

窒素のプラスがなくなるため、イオン結合が成り立たなくなりますよね。

アルカリ剤には「アンモニア（NH_3）」や「モノエタノールアミン（$HOCH_2CH_2NH_2$）」という分子が使われています。

一方、「還元剤」はどのようなものなのでしょうか？

還元剤によってCのジスルフィド結合は切断され、切れた先には水素がくっつきます。

元の形（アミノ酸であるシステインがもつSH）に戻ったことになりますね。

この反応はいわゆる「還元」であり、タンパク質は還元されたことになります。

大切なところだけ書き出します。

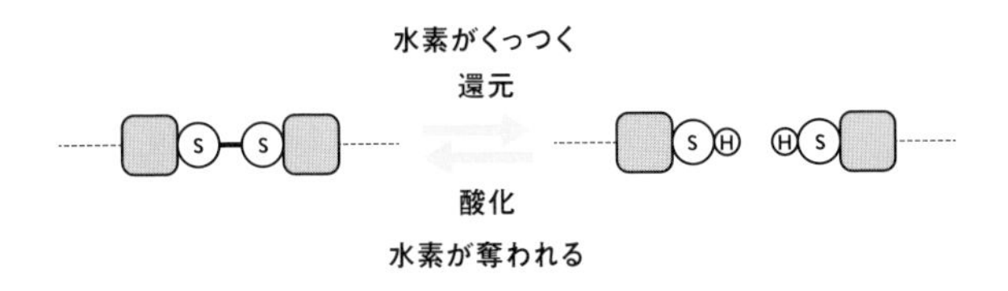

中学校では酸素を与えられたら酸化、酸素を奪われたら還元である……と習ったと思います。

高校で習いますが、じつは酸化と還元の定義はいろいろあって、水素を与えられると還元、水素を奪われると酸化でもあるんですよ。

逆にSH同士がくっついてジスルフィド結合が形成された場合は、タンパク質が酸化されたことになります。

さて、この段階で髪の毛にロッドを巻いて固定し、髪の毛を歪ませてクセをつけておきます。

その状態でジスルフィド結合を含む3種類の結合が切断されるわけです。

この工程が終わったら、水洗いを挟んだ後に2液の出番です。

2液の中にはSHを再び結びつける「酸化剤」が入っているんですよ。

先ほど述べたとおり、ジスルフィド結合は還元剤で結合が切断されますが、酸化されれば再び結合が形成されます。

酸化を起こすために、酸化剤を用いるのです。

こうして、ジスルフィド結合が元どおりになれば、つけておいたクセが固定されるわけですね。

2液の使用後は洗浄、乾燥の工程を経て、髪の毛が曲がった状態ですべての結合が復活します。

これでパーマをかけ終わりました。

8 寝グセと水素結合

続いて、髪の毛に関連したオマケの話をします。

先ほどのパーマの話で、イオン結合は酸性やアルカリ性にすると切れて、ジスルフィド結合は還元剤を使うと切れることを述べました。

その一方で、水素結合は水に濡れるだけで切れるんでしたね。

そして、髪を乾かすと水素結合が復活するのです。

パーマのときも、最後の乾燥のところで水素結合が復活しています。

じつは、この水素結合の話は、パーマをかけない人にとっても、馴染み深い現象なんですよ。

それは……寝グセです。

寝グセは、髪の毛を水に濡らして直すことが多いと思います。

寝グセが水で直る現象は、水素結合が大いに関係しているんですよ。
水分子が水素結合を切り離してくれるので、そのスキに髪の毛は元の形に戻ります。
そして、乾かすと水素結合が蘇るというわけですね。

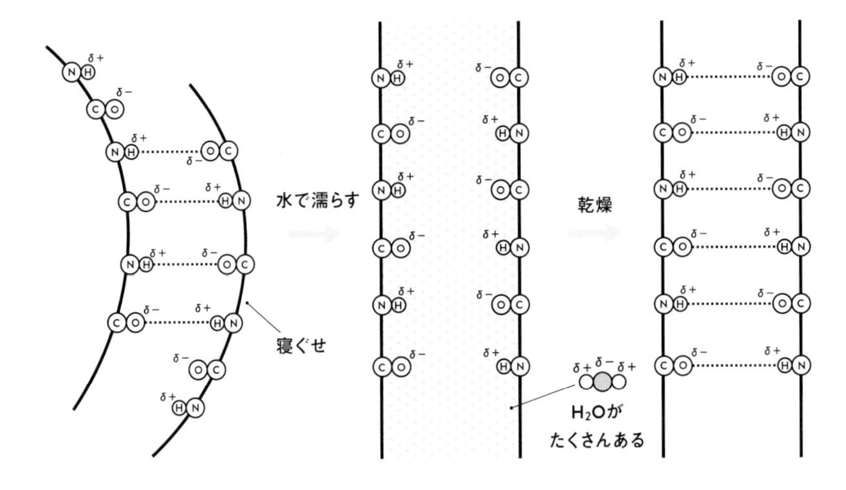

逆に髪が濡れたまま寝てしまうのは、水素結合が切れまくった状態で寝るということです。
寝ている間に自然乾燥して水素結合が復活するので、ガンコな寝グセになってしまうのもうなずけますね。

9 おしっこの成分（$NaCl$、CH_4N_2O）

さて、4章も終盤に入り、話題はトイレに移ります。
トイレに関する化学をお話ししましょう。
まずは「おしっこ」、すなわち「尿」についてです。
尿の成分は何でしょうか?
尿の成分は……ほぼ水なんですよ。
水以外の成分を下に示しました。

NaCl	1.5%
尿素	1.7%
アンモニア	0.04%
その他	0.7%

これらの成分をすべて合わせたとしても4%にも満たないですね。
尿の成分として有名な「アンモニア（NH_3）」は、たいして入っていません（0.04%）。
水を除けば、尿の主な成分は「NaCl」と「尿素」です。
NaCl、すなわち塩のことですが、体内ではNa^+（ナトリウムイオン）とCl^-（塩化物イオン）としていろいろな働きをもっています。
NaClは塩辛いというだけではありません。
例えば、神経の情報伝達に役立っているのです。
第2章で、味覚神経と嗅神経は、それぞれ味覚と嗅覚の情報を脳に伝えることを説明しました（43、52ページ）。
神経を介した情報の伝達は、「化学物質」と「電気信号」により行なわれているんでしたね。
ちなみに、「ノルアドレナリン」や「アセチルコリン」という化学物質が代表的です。
Na^+やCl^-はイオンであり、電気を帯びています。

そのため、電気信号を生み出すのに使われているというわけです。

他にも、カリウムイオン（K^{+}）やカルシウムイオン（Ca^{2+}）が体内に存在し、情報伝達に用いられているんですよ。

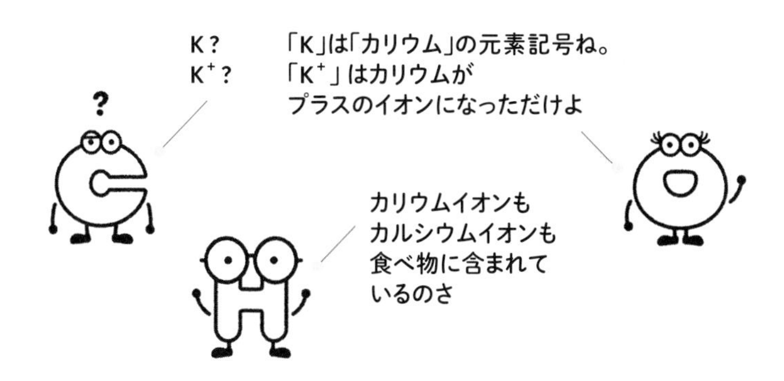

K？
K⁺？
「K」は「カリウム」の元素記号ね。
「K⁺」はカリウムが
プラスのイオンになっただけよ
カリウムイオンも
カルシウムイオンも
食べ物に含まれて
いるのさ

これらは味覚や嗅覚の神経だけではなく、運動神経や自律神経などを介した情報伝達にも用いられています。

運動神経はその名のとおり、運動するための（筋肉を動かすための）神経ですね。

自律神経は、呼吸、体温調節、消化、排泄など、生命を維持するのに必要な神経です。

私たち人間は、背骨の中にある「脊髄」という場所を介して、脳と、体のあらゆる場所との連絡をとっているんですよ。

神経は、体のあらゆる場所（皮膚、眼、耳、筋肉、etc.）と「脊髄」が情報をやりとりするために、体中に張り巡らされています。

脳

脊髄

運動神経
自律神経
味覚神経
嗅神経
etc.

皮膚、眼、耳、筋肉、
内臓、舌、鼻、etc.

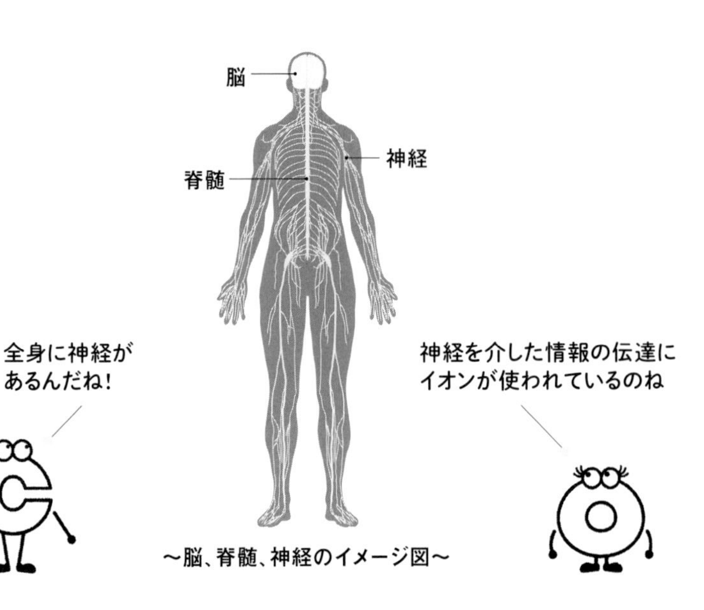

脳
神経
脊髄
全身に神経が
あるんだね！
神経を介した情報の伝達に
イオンが使われているのね

～脳、脊髄、神経のイメージ図～

さて、もうひとつの主な成分である「尿素」はどのような分子なのでしょうか？

名前に素がついているので、水素、酸素、窒素、尿素……と、原子の種類のような感じもしますが、そうではありません。

もちろん尿素の元素記号などはなく、化学式「CH_4N_2O」で表される分子なんですよ。

今までのように円形の図を使って詳しく描くと、下のようになります。

尿素

尿素は、三大栄養素である「糖質」「タンパク質」「脂質」のうち、タンパク質が分解され、尿の成分として排出される分子です。

タンパク質は、髪の毛のところで登場しました。

多くのアミノ酸がつながった構造をもつ、大きな分子です。

タンパク質にはいろいろな種類があって、体のいたるところでさまざまな機能を担っているんでしたよね。

ちなみに、「糖質」はデンプンやスクロースなどのことです。
「脂質」には、油や脂肪である油脂に加えて、リン脂質やコレステロールも含まれます。

さて、話を戻しましょう。

タンパク質が分解され、尿素に変換されて尿の成分になる……という話でした。

どのような過程を経て、尿素に変換されるのでしょうか?

タンパク質は、肉や卵、魚などに豊富に含まれています。

タンパク質が含まれているものを食べると、食道を通過して胃に到達します。

そして、胃液に含まれる酵素により、タンパク質が部分的に分解されるんですよ。

その後、胃を通過して小腸にたどり着き、膵液（膵臓から小腸の上部に分泌される）に含まれる酵素と、小腸（の腸液）に存在する酵素により分解されてアミノ酸になります。

消化についても、酵素が力を発揮しているんですね。

分解されて生じた種々のアミノ酸は、小腸から吸収されていきます(アミノ酸が何個かつながったまま吸収されるものもあります)。

続いて、吸収されたアミノ酸は肝臓に到達し、さらに分解されてエネルギーになったり、新たにタンパク質をつくるための材料になったりするんですよ。

このとき、肝臓に存在する酵素によってアミノ酸の窒素の部分が分解され、アンモニウムイオンという分子が生じます。

この分子が、やはり肝臓に存在する別の酵素によって変換されていき、尿素になるわけです。

その後、尿素は血管を通って、尿をつくる「腎臓」に運ばれます。

腎臓は、図に示したように、胴体の後方に2つ存在しています。

このような経路によって、尿素は尿と一緒に排出されるのです。

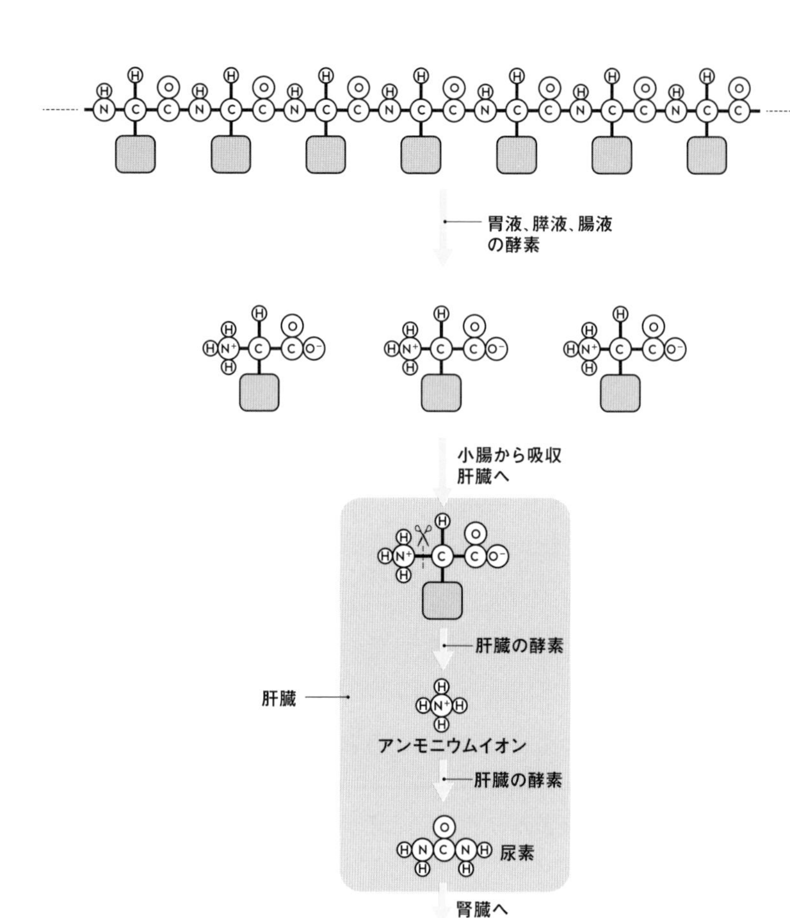

さまざまな種類の酵素がタンパク質の
分解に携わっているんだ。
「ペプシン」「キモトリプシン」
「トリプシン」「ペプチダーゼ」
などが知られているよ

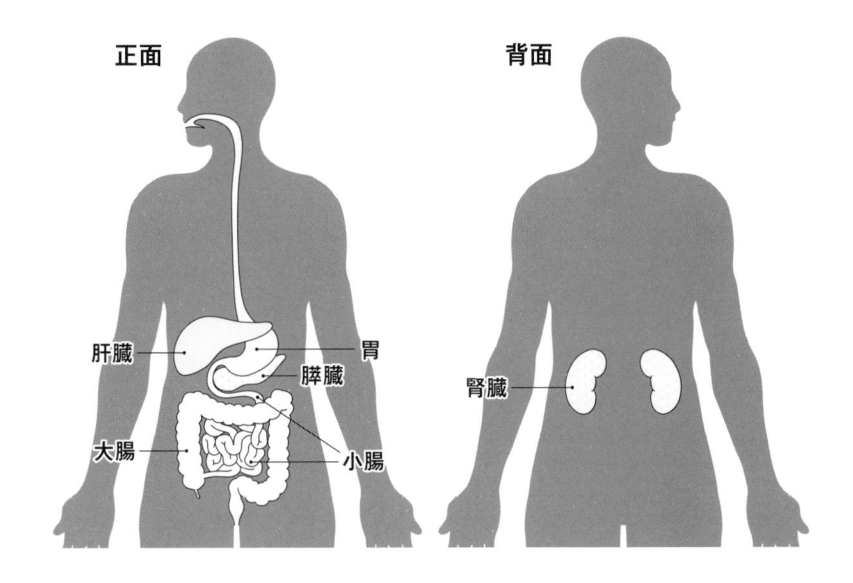

糖質や油脂は基本的に、炭素Cと水素H、酸素Oからつくられています。

その一方で、タンパク質には窒素Nがそこそこ含まれており、尿素はその成れの果てといったところでしょう。

食べたものが分解され、不必要なものが体外に出てきた……というわけですね。

糖質と油脂が体内でどのようにして分解・吸収されるのかについては、139ページ以降で詳しく説明します。

さて、これまでの説明で、尿素は役に立たない排泄物という印象をもってしまったかもしれません。

しかし尿素は、私たちの体の異常を知らせてくれる役割ももっているんですよ。

すなわち、私たちの血液中に含まれる尿素の量は、腎臓の機能をチェックするための物差しになってくれるのです（実際は、尿素中の窒素の量を調べており、検査値の項目名は「尿素窒素」になります）。

他にも、尿素はいろいろなことを教えてくれます。

血液中の尿素の量の値が高い場合、次のような状態になっている可能性があります。

① 腎臓の機能が低下しており、尿素を排泄できていない（腎不全）
② 脱水（症）により尿の量が減り、尿素を排出できていない
③ タンパク質を摂取し過ぎている

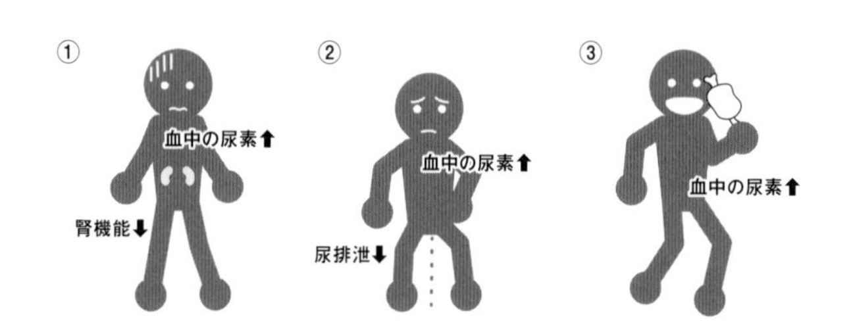

逆に値が低い場合、下記のような要因が挙げられます。

① 肝臓の機能が著しく低下しており、アミノ酸から尿素がつくられていない（肝不全）
② 尿崩症（尿がたくさん出てしまう）により、尿素を多量に排出している
③ タンパク質の摂取が不足している

血中に含まれるタンパク質の分解物の値から、異常に気づくことができるわけですね。

他にも、尿素はハンドクリームや化粧水、農薬などに用いられており、さまざまな製品に利用されています。

10 紙オムツの吸水力（$C_3H_3O_2Na$）～もっと詳しく！～

この節では、尿に関連した製品である紙オムツについて紹介します。

じつは、紙オムツの吸水技術に化学の力が利用されているんですよ。

紙オムツの素材として代表的なものは、多数の「アクリル酸ナトリウム（$C_3H_3O_2Na$）」がつながった分子です。

それではまず、このアクリル酸ナトリウムについて説明しましょう。

アクリル酸ナトリウムの構造を円形の図で表したものを左側、簡略化したものを右側に示しました。

マイナスとプラスのイオンになっている箇所は重要なので、そのままにしておきます。

これまで何度も見てきましたが、酸素Oはマイナスの電気を帯びやすく、ナトリウムNaはプラスの電気を帯びやすいんでしたね。

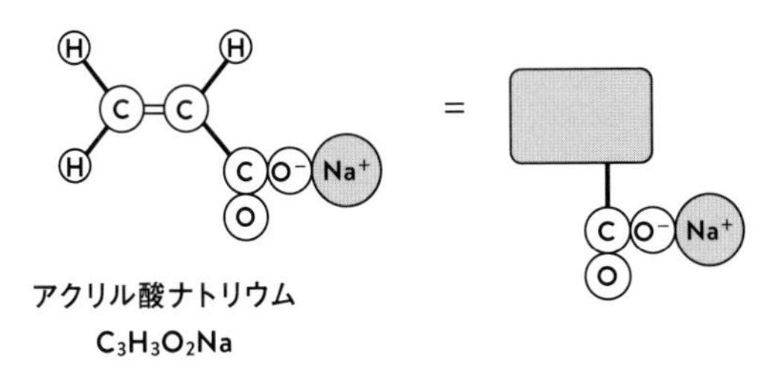

この部分は水の分子が来ると、バラバラになります。

このことは塩（NaCl）のところで述べたことと同じです。

この性質は後々ポイントになってくるので、覚えておいてください。

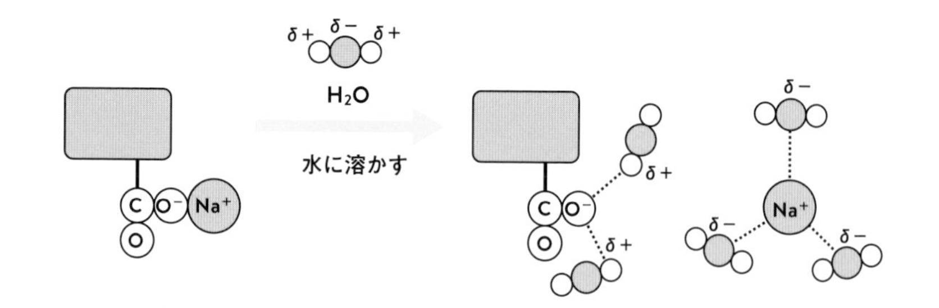

アクリル酸ナトリウムがたくさんつながり、紙オムツの吸水技術に使われている素材になるわけです。その分子の名前は「ポリアクリル酸ナトリウム」といいます。

名前のはじめに「ポリ」がついただけです。

ちなみに、「ポリ」は「たくさん」を意味しているんですよ。

下に、ポリアクリル酸ナトリウムの模式図を示しました。

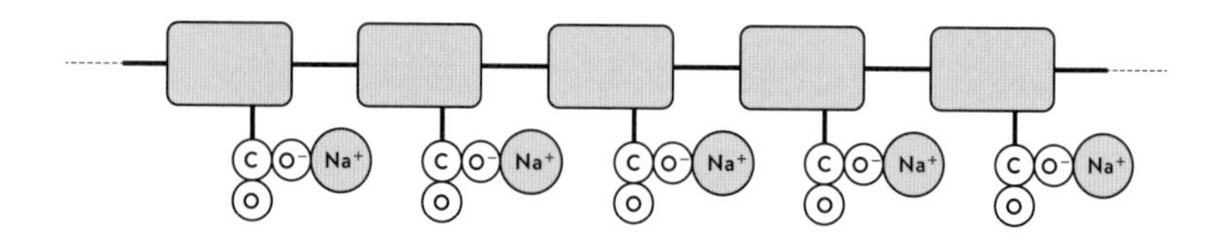

ご覧のように、アクリル酸ナトリウムが四角の部分でたくさんつながっています。

ただし、実際には、このような直線状の構造をしているわけではありません。

次に、ポリアクリル酸ナトリウムが実際にとっている構造を表しました。

四角の図形の部分は、省略して図示しています。

実際のポリアクリル酸ナトリウムは球形（図では円形で表記）で、いわゆるビーズのような形状で、紙オムツの中に入っています。

このビーズは、図で示したように、立体的な編目状の構造になっています。

拡大してみると、ちゃんとマイナスとプラスの部分がありますね。

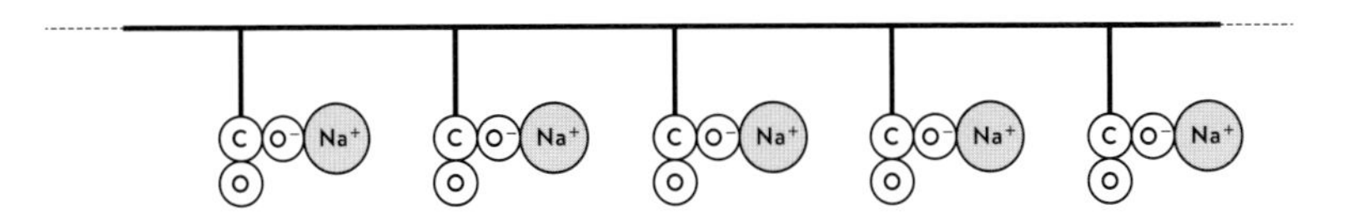

実際は直線状ではない

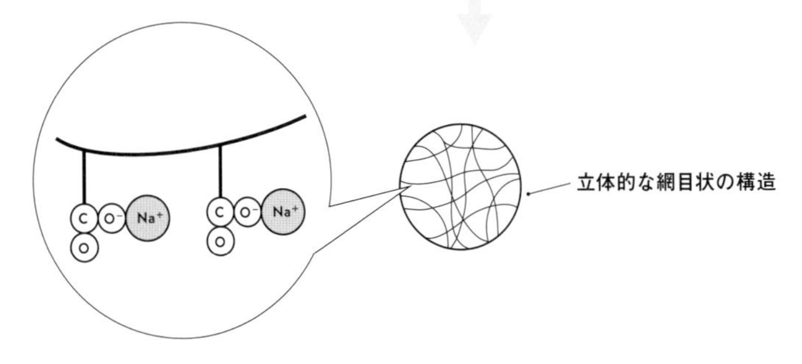

さて、吸水の話に移りましょう。

この分子に水（H_2O）が入ってくると、網目状の構造が広がっていくんです。

その様子を表したイメージ図を次に示しました（水の分子は省略しています）。

じつは、図に示したとおり、ポリアクリル酸ナトリウム同士をつなげている構造があり、これのおかげで網目状の構造が成り立っています。

水が入ってくると、プラスの部分（ナトリウムイオン）とマイナスの部分（本体）がバラバラになります。

続いて、本体にくっついたままのマイナスの部分（COO^-）がマイナスの電気同士で反発し、網目がどんどん広がります。

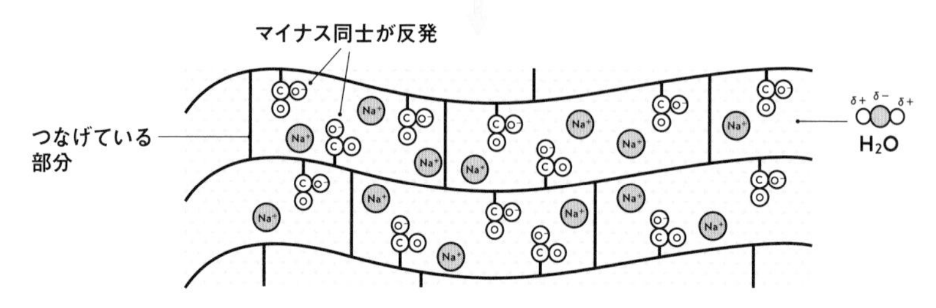
水が入ると……
マイナス同士が反発
つなげている
部分
Na+
H_2O

このようにして、水をどんどん吸い込み、ビーズ状のポリアクリル酸ナトリウムが膨らんでいきます。

ちなみに、網目状の構造によって水分子が閉じ込められるため、逃げ出しづらくなっています。

ポリアクリル酸ナトリウム1gで1000g程度（約1リットル）の水を吸収することができます。

尿の成分は、ほとんどが水でしたよね。

つまり、ポリアクリル酸ナトリウムは尿を吸収してくれます。

尿の場合は、尿中に含まれる成分の影響により、水ほどは吸収できませんが、それでもポリアクリル酸ナトリウム1gに対して50gほどの尿を吸収できます。

オムツの吸水機能も、これまでと同様に水の分子の影響でプラスとマイナスがバラバラになる……という考え方で解釈することができるんですね。

紙オムツの中にビーズ状の
ポリアクリル酸ナトリウムが
含まれているんだよ

尿を吸水して、
膨張するわけね

11 うんち ー消化の過程ー

ここでは、尿に続いて「うんち」の話をしますね。
うんちの成分はなんなのでしょうか?
うんちのことを語る前に、そもそも、食べ物がどのように消化されていくかについて述べましょう。
食べ物の中の栄養素は、「糖質」、「タンパク質」、「脂質」がメインでしたね。
これらは唾液、胃液、膵液などで分解され、小腸で吸収されます。「タンパク質」が分解される過程は尿素のところで紹介したとおりなので、ここでは「糖質」と「脂質」について見ていきましょう。

糖質とは、何度も登場しているデンプン(アミロースとアミロペクチン)やスクロースなどのことです。
それぞれ、お米と砂糖の主成分ですよね。
デンプンは、お米の他にも、パン、麺類、芋などに含まれており、食卓にあふれています。
それでは、アミロースとスクロースを例にとり、糖質の消化について述べていきましょう。
まずは、アミロースです。
アミロースはグルコースが200~300個、まっすぐにつながっている分子でしたね(45ページ)。
次に示したのは、グルコースを六角形の模式図で表し、つなげてアミロースとしたものです。
この分子は唾液に含まれる酵素で分解された後、さらに膵液の酵素によって分解されます。
唾液に含まれる酵素も、膵液に含まれる酵素も、「アミラーゼ」と呼びます。
アミロースを分解するのでアミラーゼなんですよ。
このような過程を経て、主にグルコースが2個くっついた状態になります。

その後、小腸の腸液に含まれる酵素でさらに分解されます。
今度の酵素の名前は「マルターゼ」ですね。
じつは、グルコースが2個くっついた分子は「マルトース」と名づけられています。
マルトースを分解するのでマルターゼというわけですね。
どんどん分解されて、最終的にはグルコースになります。
このような過程を経て、グルコースが小腸から吸収されるんですよ。
その後は、さらに分解されてエネルギーになります。

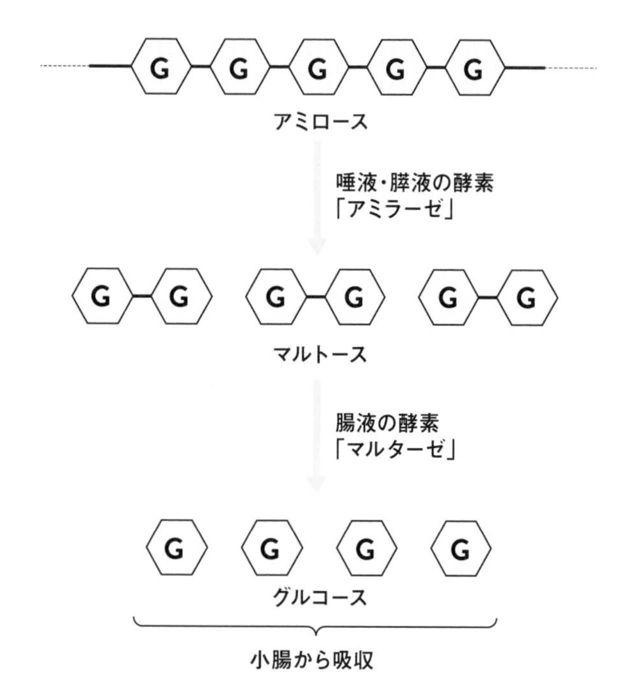

続いて、スクロースの分解を見ていきましょう。
スクロースは、アミロースに比べてはるかに小さな分子であり、腸液に存在する酵素「スクラーゼ」で分解されるだけです。
スクラーゼは以前に登場しましたね。
ちなみに、この酵素もスクロースを分解するのでスクラーゼです。
その後、グルコースもフルクトースも小腸から吸収され、さらに分解されてエネルギーになるわけです。

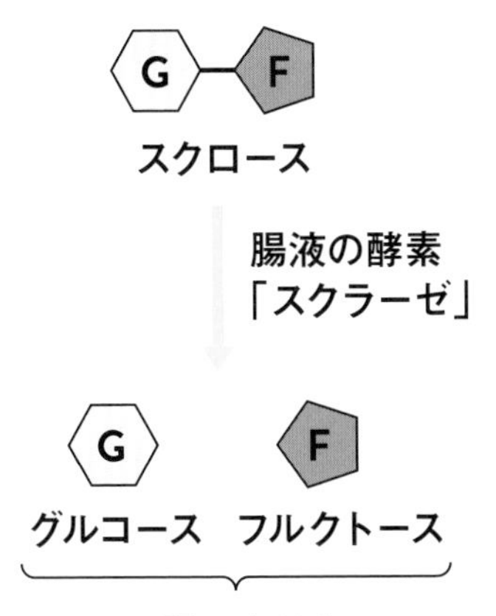

次に、脂質の消化について見ていきましょう。

131ページで述べたとおり、脂質にはいろいろな種類がありますが、ここでは油脂の消化について紹介します。

油脂がどのような分子であるのかは、2章で詳しく述べました（54ページ〜）。

油脂は、油や脂肪のことであり、これも食卓にあふれていますよね。

まず、油脂が口から体内に入ると、食道と胃を通過した後、膵液に含まれている酵素「リパーゼ」によって分解されます。

リパーゼによる反応は野菜のところで登場しました（63ページ）。

野菜の中だけではなく、人間の中にもリパーゼは存在するんですよ。

膵液のリパーゼによって、次の図に示した2か所が切断されます。

その後、分解物はやはり小腸から取り込まれた後、さらに分解されてエネルギーになります。

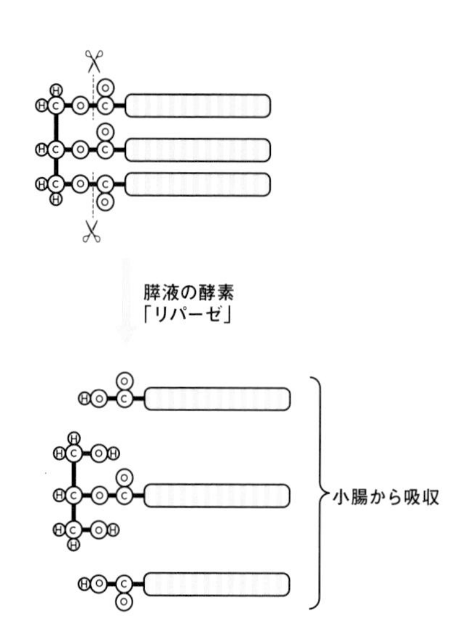

以上のように、口から入った栄養素はさまざまな酵素によって分解されます。

それらの分解物は小腸から吸収され、エネルギーになります。

どの栄養素も分解して小さくならないと吸収されないんですね。

また、消化に関しても酵素が大いに活躍しているということもポイントです。

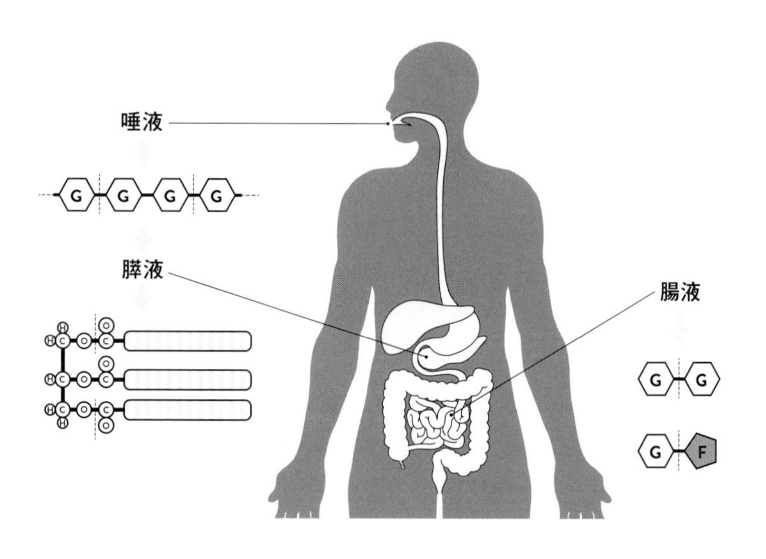

12 うんち ―食物繊維と腸内細菌―

それでは、本題であるうんちの話に入りましょう。

前節で述べたように、三大栄養素は小腸で吸収されます。

小腸の先にある大腸から絞り出されるうんちは、いったいなんでできているのでしょうか?

うんちの主な成分は、次のような比率になります。

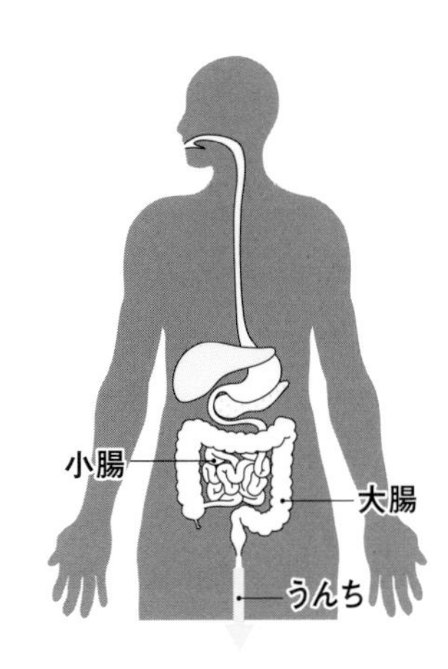

水分75〜80%
それ以外は……
食物繊維(食べカス)と、腸の壁がはがれ落ちたものが2/3
腸内細菌が1/3

まず、水分が8割ほどもあります。

固形物のように見えて、たっぷりと水が含まれているんですね。

次に、「食物繊維」と呼ばれる食べカスがありますね。

食物繊維は体内の酵素で分解されない構造をもっており、小腸で吸収されずに大腸までたどり着いたというわけです。

食物繊維は排便に有効である……という話を耳にしたことがありませんか?

ある食物繊維は水分を吸収して膨らみ、うんちの量が増えて腸を刺激し、排便につながるんです。

また、ある食物繊維は、水に溶けるとヌルヌルになり、便を軟らかくして、スムーズな排便を可能にするんですよ。

さて、「腸の壁がはがれ落ちたもの」もうんちに含まれていますね。

これは、腸の壁をつくっている細胞のことです。

最後になりましたが、「腸内細菌」という菌もうんちの中に含まれています。

菌もしくは細菌については、虫歯のところで紹介しましたね(89ページ)。

腸内細菌はその名のとおり、腸の内部に生息している菌のことです。

うんちの中には、生きている腸内細菌も、死骸になった腸内細菌もいます。

以上のものが合わさった固形物が、うんちの正体です。

さて、「食物繊維」について、もう少し詳しく説明しますね。

繊維といっても、直径は100 nm(ナノメートル)ほどです。

nmという単位は、とんでもなく小さい長さを表すときに使うものでしたね(41ページ)。

食物繊維は舌触りで繊維とわかるものではなく、分子レベルで繊維状の構造をしているということなのです。

食物繊維がどのような分子なのか、見ていきましょう。

例えば、果物に含まれる「ペクチン」、寒天に含まれる「アガロース」、昆布に含まれる「アルギン酸ナトリウム」、キノコに含まれる「キチン」……などが食物繊維として働く分子です。

これらの食物繊維は、グルコースのような分子がつながった構造をもっています。

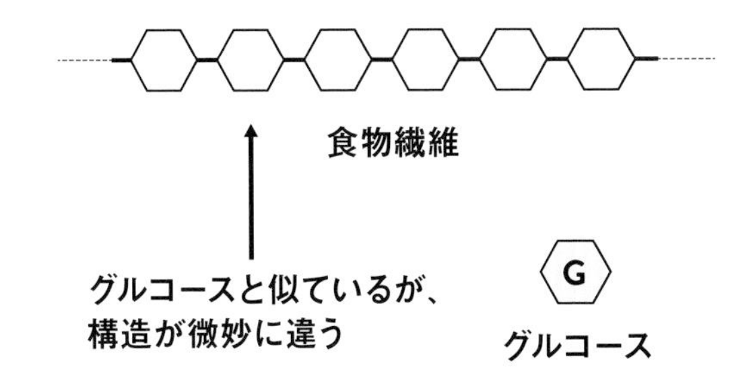

模式図で示したように、何度か登場したグルコースと同様に、六角形で表した構造をもっていますね。

しかし、グルコースとは構造がちょっと異なっているんですよ。

食物繊維の種類によって、六角形の模式図に入る詳細な構造が異なります。

一見するとアミロース（グルコースが直線状につながったもの）に似ていますが、細かい構造がおのおのの食物繊維で微妙に異なっているというわけです。

微妙に構造が違うため、私たちの唾液や膵液に含まれている酵素「アミラーゼ」（139ページ）では分解されません。

言い換えると、私たちにはこれら食物繊維を消化・吸収できないということですよね。

ちなみに、野菜に含まれている食物繊維「セルロース」はグルコースが繋がってできています。

アミラーゼで分解されてしまいそうですが、つながり方がアミロースとは違うので分解されません。

グルコースで構成されている（もしくはグルコースが含まれている）食物繊維については、169ページで説明しますね。

他にも、五角形で表した構造を持つフルクトース（33ページ）がつながった「イヌリン」や、たくさんのベンゼン環（101ページ）を構造中にもつ「リグニン」なども食物繊維に分類されます。

ちなみに、「イヌリン」はゴボウやニンニクなどに含まれ、「リグニン」は豆類に含まれます。

いずれも、私たち人間の酵素では分解できません。

さて、体内に取り込まれた食物繊維はどうなるのでしょうか?
これらの分子は分解されないまま小腸を通過し、大腸に到達します。
大腸はうんちがつくられる場所であり、食物繊維が排便を促す効果をもつことは述べました。
食物繊維の効果はそれだけではないので、ここでお話ししますね。
大腸で食物繊維を待ち構えているのは、うんちにも入っている腸内の菌、腸内細菌です。
虫歯のところでミュータンス菌という菌を紹介しましたが、他にも多くの種類の菌が体の中や表面に存在しているんですよ。
腸内細菌は、小腸にも大腸にも生息しています。
およそ1000種類の菌が、100兆(!)ほど存在しているそうです。
では、腸内細菌たちは私たちの体の中でなにをしているのでしょうか?
大腸に住み着く細菌たちは、食物繊維の一部を分解することができるんですよ。
腸内の環境を整え、健康でいるためには、腸内細菌たちに食物繊維を与える必要があります。
最近の研究では、腸内細菌が食物繊維を分解するときに生じる「短鎖脂肪酸」という分子は、肥満防止や糖尿病治療など、体にいい影響を与えることがわかってきています。
このような研究があると、食物繊維が含まれている食べものをたくさん食べる気になりますよね!
腸内細菌に健康面をサポートしてもらいましょう。
ちなみに、何度か登場している「酢酸(CH_3CO_2H)」は短鎖脂肪酸のひとつです。
酢酸よりも炭素と水素が少々多い「プロピオン酸($CH_3CH_2CO_2H$)」や「酪酸($CH_3CH_2CH_2CO_2H$)」という分子も代表的な短鎖脂肪酸です。

さて、腸内細菌の中には、タンパク質を分解して「スカトール(C_9H_9N)」や「インドール(C_8H_7N)」などのガスを排出している菌もいます。

これらはうんちやオナラに含まれるクサい分子です。
悪臭を漂わせる分子は、菌が排出していたんですね。

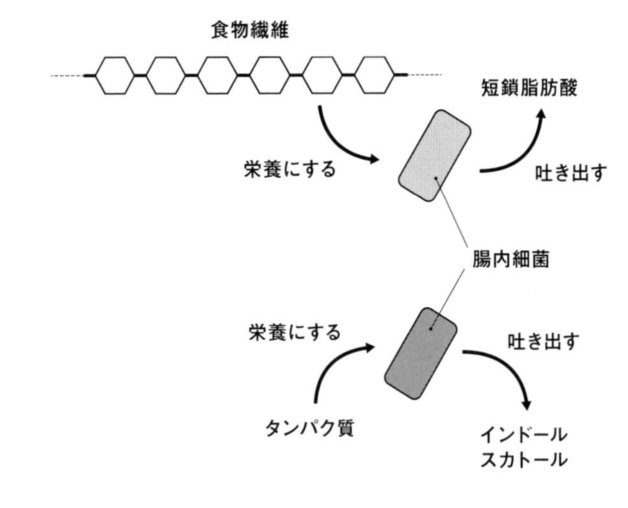

これで、うんちがどういうものなのかわかってきましたね。

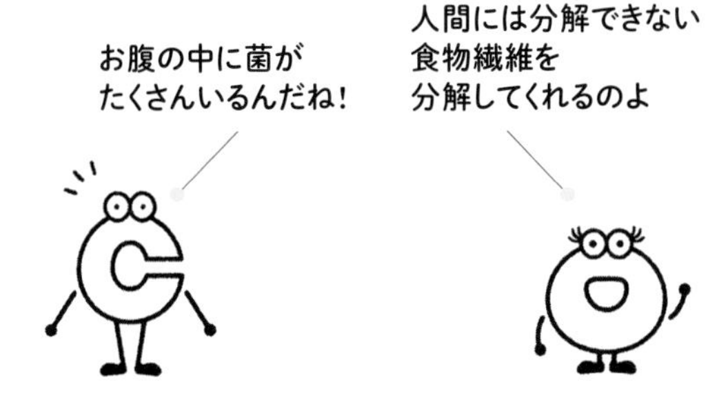

Chapter

5

リビングルーム・寝室の化学式を見ていこう！

さて、新しい章に入りました。
ここでは、リビングや寝室に関連する化学を見ていきます。
ちょっと難しい話もしますが、ついて来てください！

え!?
難しいってさ!
ここまで
読み進めてきたのなら
問題ないわ

1 液晶について（$C_{18}H_{19}N$）

まずは、リビングです。
リビングといえば、テレビがたいていあると思います。
時代の変化か、「家にテレビはないよ」という人も著者の周りには増えましたが……。
今やメジャーになった「液晶」テレビ。
その画面は液晶ディスプレイと呼ばれていますよね。
液晶ディスプレイには、液晶という状態の分子が使われているんです。
他に、パソコンやスマートフォン、（デジタル表記の）腕時計の画面にも使われており、私たちの日常にあふれているんですよ。
電卓の画面にも使われていて、じつは1970年代から製品化されています。
液晶ディスプレイには、どんな分子が使われているのでしょうか？
液晶ディスプレイに深く関わっている代表的な分子の化学式は、「$C_{18}H_{19}N$」です。

$C_{18}H_{19}N$

ベンゼン環が2つつながっていますね。

左側の先端には、炭素と窒素が3つの線でつながったものがくっついています。

右のほうには、炭素が5つつながっていて、そこには水素もくっついています。

分子全体を眺めてみると、細長い構造であるという印象を受けますね。

これが液晶ディスプレイを構成する分子です。

本格的な話に入る前に、液晶という状態の分子とはどういったものなのか説明しましょう。

液晶という状態は、分子が固体と液体の中間にあることをいいます。

では、固体と液体の中間とはいったいどういう状態なのでしょうか?

まずは、固体と液体がどういうものなのか、分子のレベルで説明しますね。

氷と水を例にして、イメージ図を次に示します。

氷はもちろん固体ですよね。

氷の場合、水の分子であるH_2Oは規則正しく並んでいますね。

位置がしっかりと決まっており、その場に留まっています。

一方、融けて液体になると、水の分子は向きも位置もバラバラになるんですよ。

しかも、自由に動き回っています。

目で見て液体に動きがない
場合でも、分子レベルでは
動いているのよ

それでは、固体と液体の中間である液晶はどのような状態なのでしょうか?

先ほど紹介した分子を例にして、イメージ図を示しますね。

まずは、分子を簡略化した楕円形の図に置き換えます。

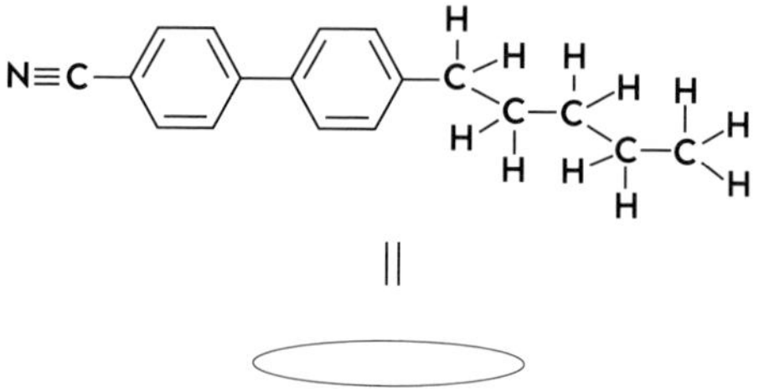

次に、固体、液晶、液体の状態にある分子の図を載せました。

固体と液体は水分子の例と同様ですね。

固体は向きが揃っていて、規則正しく並んでいます。

位置も固定されているんですよ。

液体は向きも位置も自由ですし、動き回っています。

それでは、問題の液晶はどうでしょうか?

向きは同じですが、位置は自由です。

しかも液体同様、自由に動き回っているのです。
自由に動き回っているのですが、向きだけは決まっています。

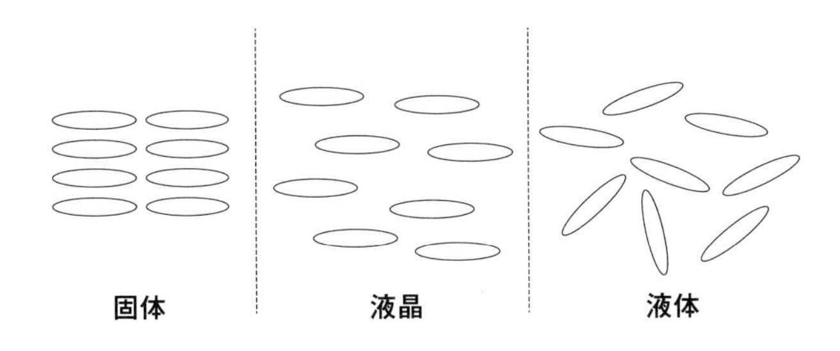

なんだか面白い性質ですね。
遠くに何か面白いものを発見し、みんなで同じ方向を向いているようです。
これで、液晶という状態を理解してもらえたと思います。

さて、液晶の状態にある分子には、さらに面白い性質があるので見ていきましょう。
その性質が、液晶ディスプレイに関係しているんですよ。
まずは、液晶の分子を図のAのように電極で挟みます。
液晶の分子は図に示した方向を向いているとしますね。
図のBに示したように、この電極につながれたスイッチを入れると、電極の間に電圧がかかった状態になります。
電圧がかかると、液晶分子は電極に向かってキッチリと同じ方向を向くんです。
整理すると、電圧をかける前（OFF）が左側の図で、電圧をかけているとき（ON）が右側の図です。
このON/OFFで、液晶分子の向きを変えることができるというわけですね。

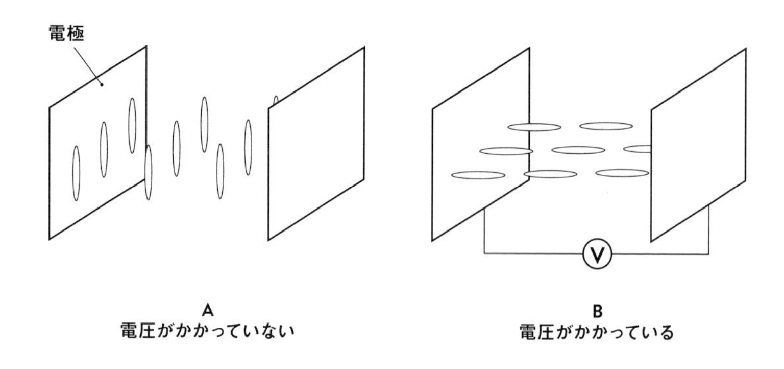

液晶分子はこのような性質ももっており、これが液晶ディスプレイに利用されています。

2 液晶テレビの原理

まずは、液晶テレビの中で液晶がどのような状態になっているのかを説明します。

次ページに、液晶分子と電極の図を示しました。

わかりやすくするため、液晶分子は1か所だけ示してあります。

実際には、液晶分子がたくさん配置されています。

液晶テレビの内部でも電極を挟んで液晶分子が配列しているわけですが、このとき、左の図に示したように、角度にして90度分、徐々に液晶分子がねじれた形で配置されています。

実際は電極だけではなく「配向膜」というものでもサンドイッチされており、そこに刻まれている溝に沿って液晶分子が向きを変えます。

もちろん、電圧をかければ、右図のように液晶分子の向きが揃います。

これは前節で話した通りですね。

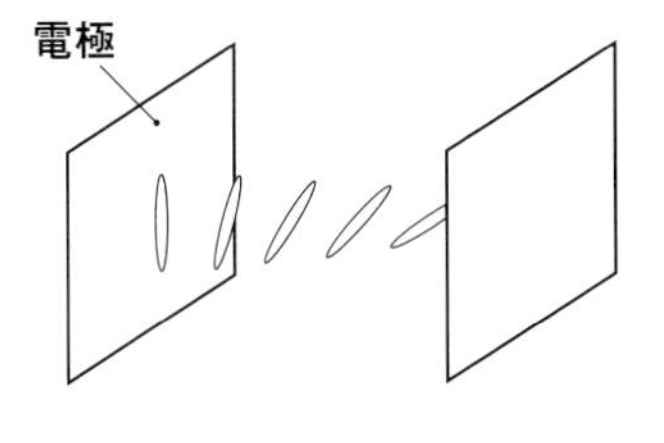

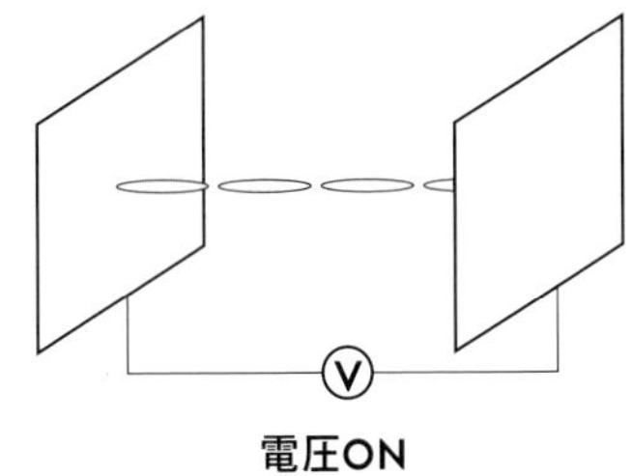

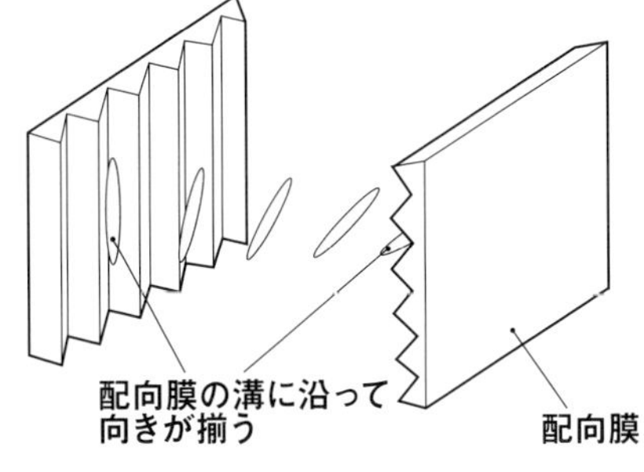

液晶テレビに使われる電極は
「透明電極」と呼ばれているよ。
その名のとおり、透明なのさ

続いて、いったん液晶テレビの話は置いておき、光の性質について説明します。

液晶テレビを語るうえで、光の性質の話は外せません。

光は、波のように規則的に振動しながら直進しています。

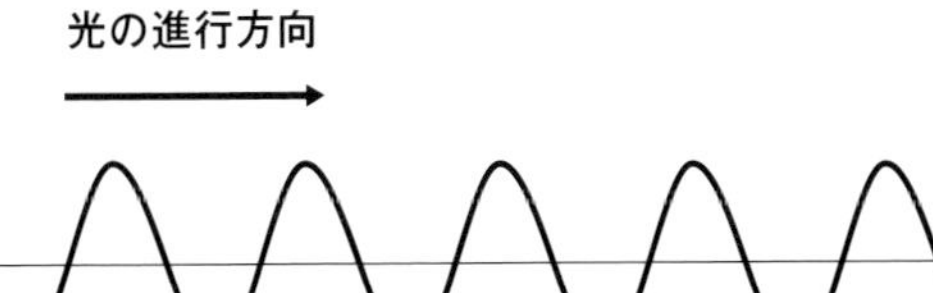

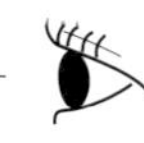

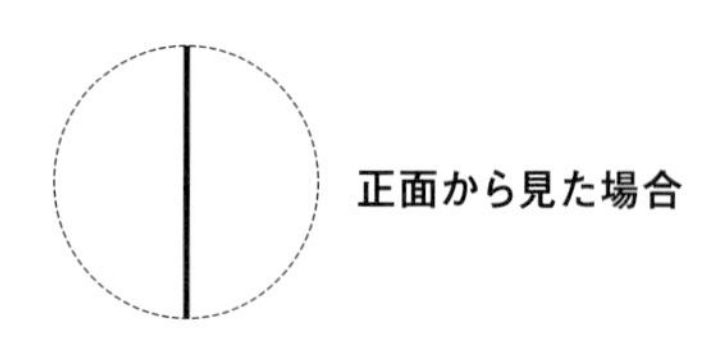

しかも、普段目にする光（太陽や月の光、電球や蛍光灯の光など）は、さまざまな方向に振動しているんですよ（下図では4方向のみ示しています）。

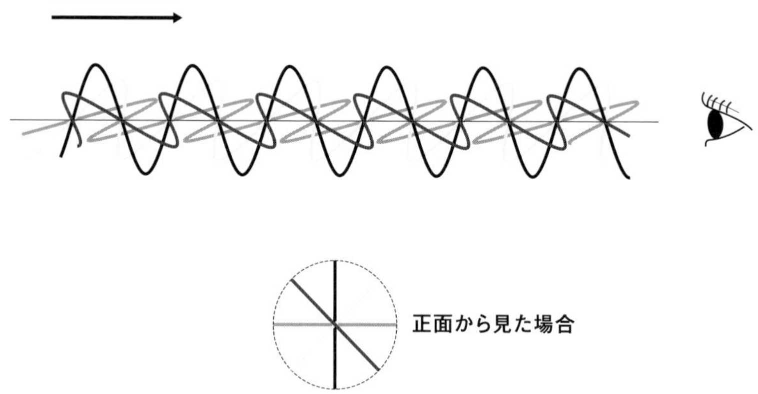

このように、あらゆる方向に振動しながら直進している光に偏光板というフィルターを通すと、一方向だけの光を取り出すことが可能なんです。

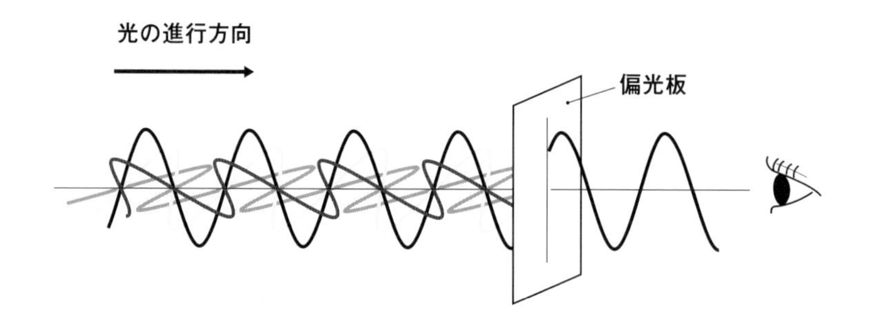

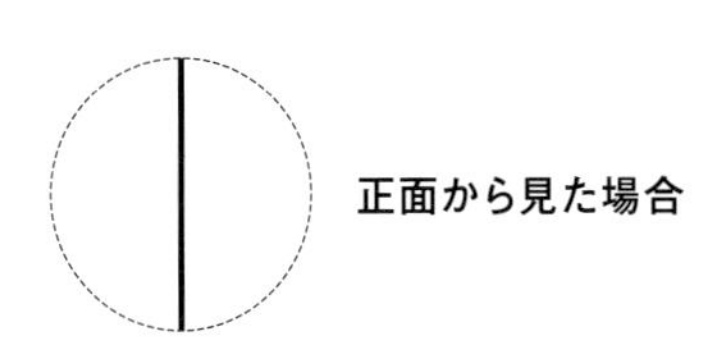

逆にいうと偏光板は、通り抜けた光以外の方向の光をカットできるんですね。

私たちはこの現象を、身近なところで利用しています。

スキー場では、光が眩(まぶ)しいですよね。

ゴーグルを外すと眩しさを感じると思います。

あれは、雪原からの反射光が眩しいんですよ。

スキー用のゴーグルは偏光板（偏光サングラス）であり、光をカットして目を守ってくれています。

また、カメラについている「偏光レンズ」も同様ですね。

例えば、池の水面でキラキラと反射している光を抑えて写真を撮ることができます。

雪原や池から反射してくる光は、表面に対して平行に偏光しているものが多いため、偏光サングラスや偏光レンズで効果的に遮ることができます。

液晶テレビを理解するうえで、この偏光という考え方は重要なので、覚えておいてくださいね。

それでは、液晶テレビの話に戻りましょう。

次のページに、偏光板に挟まれた液晶分子の図を示しました。

偏光板は切れ込みの方向の光しか通しません。

左右2枚の偏光板をよく見てみると、角度が90度ズレていることにお気づきでしょうか?

このことが大きなポイントになります。

ちなみに、この図は電圧をかけていないときを示しています。

左右に設置しているはずの電極は省略しているので、ご注意ください。

また、光は先述のとおり振動しているわけですが、ここではわかりやすくするために、太い矢印（2方向分）で表記しています。

液晶テレビには、光を放つ装置（光源）があります。

装置から発生した光が、液晶分子のエリアに向かっていますね。

しかし、設置された偏光板によって、一方向の光しか入ることができません。

偏光板を通り抜けて入ってきた光は、液晶分子に沿ってくるっと回転します。

このように液晶分子には、光の方向（角度）を変える性質もあるんですよ。

光は回転した後、設置された2枚目のフィルターを通過し、私たちの元に届きます。

液晶分子によって光が回転したから、2枚目のフィルターを通過できたわけです。

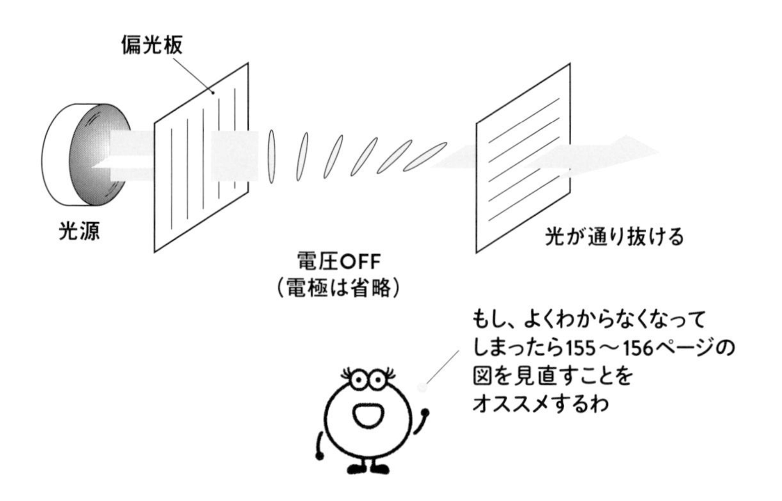
偏光板
光源
光が通り抜ける
電圧OFF
（電極は省略）
もし、よくわからなくなって
しまったら155～156ページの
図を見直すことを
オススメするわ

さて、スイッチがOFFのときについて説明してきたわけですが、ONのときはどうなるのでしょうか？

液晶分子が電極に挟まれた図を思い出してほしいのですが（154ページ）、電圧をかけると、液晶分子が電極に向かってキッチリと同じ方向を向くんでしたね。

その状態になると、偏光板を通ってきた光が液晶分子の影響で回転することはなくなります（下図、電極は省略しています)。

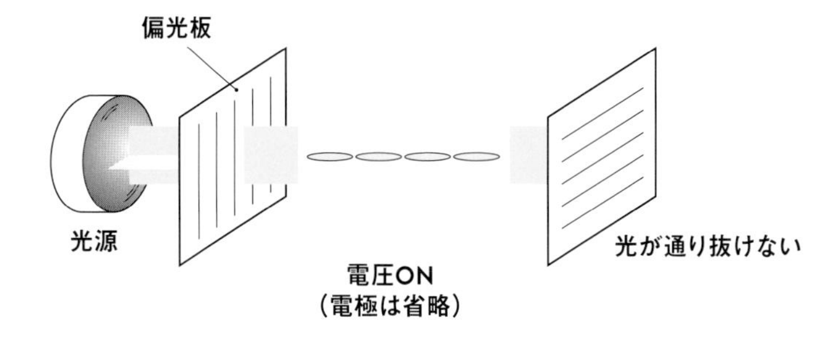

光が回転しないので、2枚目のフィルターを通ることができません。

私たちの目に光は届きませんね。

スイッチがONのときは、暗くて何も見えないんです。

液晶ディスプレイでは、電圧がかかっているのか（ON)、かかっていないのか（OFF）が緻密に制御されているというわけですね。

ちなみに、逆のパターンもあります。

OFFのときに暗くて、ONのときに明るくなる、VA（Vertical Alignment）モードと呼ばれるものがあります。

上で紹介したパターンはTN（Twisted Nematic）モードと呼ばれています。

「twisted」の意味は「ねじれた」です。

液晶分子がねじれて配置されていますからね。

さて、このようなON/OFFを切り替えられる単位が多数あって、ディスプレイが成り立っているんですよ。

この制御により、次に示したように画像が生じます。

四角ひとつが1画素（1ピクセル）であり、それぞれがON/OFFで切り替わり、明暗で画像を映し出しています。

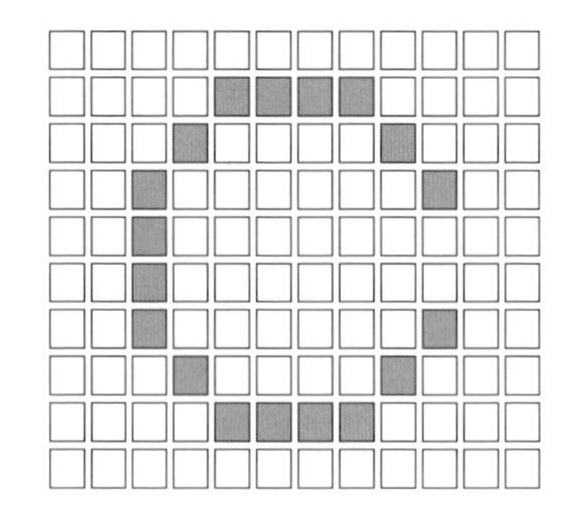

画像になった！
炭素のCだね！
液晶テレビの
仕組みがわかってきたよ！

最近の液晶テレビだと、この単位が何千万個もあります。

いわゆる、画素数というやつですね。

3840×2400画素……など、耳にしたことがあると思います。

横に3840個、縦に2400個も、上記のようなON/OFFの切り替え可能な単位が並んでいるわけです。

液晶テレビが出てくる前に使われていたブラウン管（陰極線管）はもっと大掛かりな仕掛けなので、奥行きがあって嵩張りますし、ガラスも分厚くて重かったですよね（若い人は見たことがないかもしれませんが……）。

その一方で、液晶の画面はご存じのとおり、薄くて済むのが助かる点です。

液晶ディスプレイが薄いおかげで、携帯電話やスマートフォンの開発が可能になりました。

ちなみに、勘違いしてしまうことが多いのですが、液晶は分子自身が光っているわけではありません。

先ほど示したように「光源」が後ろにあって（バックライト）、そこから出た光が液晶分子を通り抜けて私たちの目に届くのです。

液晶分子自身は光りませんので、誤解しないでください。

ちなみに、液晶で使われている分子は光りませんが、光る分子も登場しています。

そのような分子が使われているのが「有機EL」です。

バックライトを使う必要がないので液晶テレビよりも薄く、しかもきれいな画像です。

さらに、ディスプレイを曲げることができます。

さて、液晶テレビは（もちろんスマートフォンも）、カラーの画面が表示されるわけですが、液晶の分子自体に色がついているわけでもありません。

ここまでの説明だと、明るいところと暗いところだけしか表現できないので、カラーの画面にはなりませんよね。

液晶ディスプレイのカラー技術はどのような仕組みなのでしょうか?

その話をする前に、再び光について説明しますね。

白色光、つまり白い光の中にはいろいろな色の光が含まれています。

普段部屋で使っているような明るい電球や蛍光灯の光、そして太陽光などは白色光です。

ガラスや水晶からできた「プリズム」という物体を使うと、それらの色を分けることができるんですよ。

学校で実験したことがある人もいるかもしれません。

下に示したのは、白色光をプリズムに通した際の模式図です。

プリズムの内部に進入するときと出ていくときで光の進行方向が変わり、おおよそ7色に分かれます。

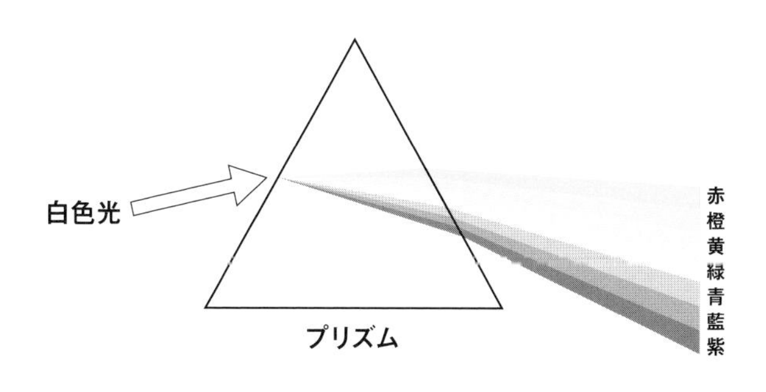

この実験から、普段目にしている光は、いろいろな色の光が合わさったものだということがわかります。

それでは、この知識をもってカラー技術の話に戻りましょう。

液晶ディスプレイの場合、光源から白色光が発生して液晶の分子を通過した後、色を取捨選択するフィルターが、目的の色をもつ光のみを通過させてくれます。

下に示した図のように、光が2枚目の偏光板を通過した後、色を取捨選択するフィルター（カラーフィルター）を通り、目的の色をもつ光のみが私たちの目に届きます。

その他の色の光はカラーフィルターに吸収されます。

ちなみに、最初に光をカラーフィルターに通してから、液晶分子のエリアを通過させる方法もあります。

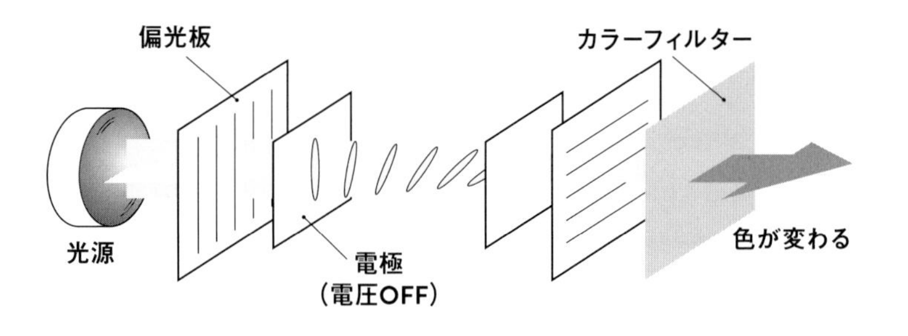

じつは、1画素の中に、赤、緑、青の3種類のカラーフィルターがあるんですよ。

それぞれ、赤色、緑色、青色の光を通します。

赤と緑と青は「光の三原色」と呼ばれ、それらの組み合わせと強弱ですべての色をつくることができるといわれています。

1画素の中で色を調節すれば、自在にカラーを表現できますね。

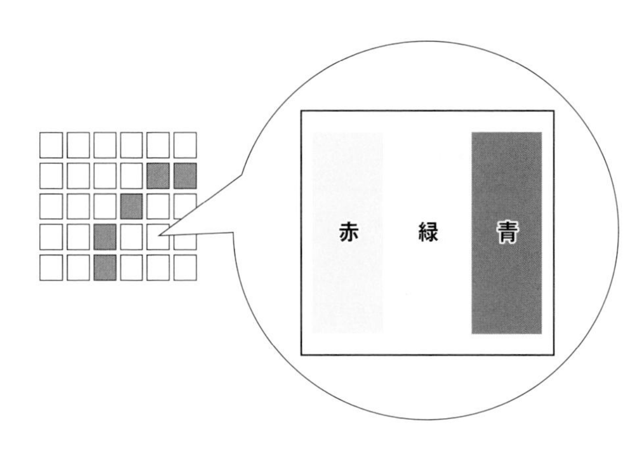

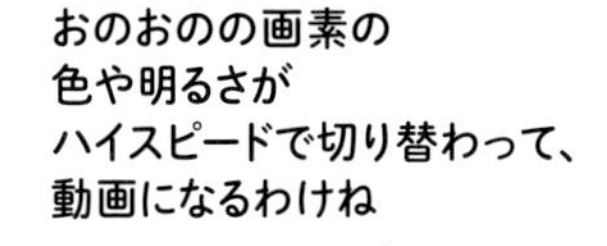

おのおのの画素の
色や明るさが
ハイスピードで切り替わって、
動画になるわけね

1画素が小さ過ぎて、
遠くから見ると3色が
混ざって見えるんだよ。
点描画と同じ原理さ

いかがだったでしょうか?

液晶テレビの中では、固体と液体の中間の状態である液晶の分子が活躍していましたね。

これで、普段何気なく使っている「液晶」という用語が何を意味するのか、そしてどのように役に立っているのかをわかってもらえたと思います。

3　衣類 ―ポリエステルは化学反応でつくられる―

さて、次の話題に移りましょう。
リビングや寝室には、タンスやクローゼットがありますよね。その中には衣類があると思います。
ここでは、衣類を化学の視点から見てみましょう。
衣類の素材に使われている分子は、ある分子が繰り返しつながった構造をしているんですよ。
分子同士がくっついて、より大きな分子になったものです。
そのような分子は、これまで何度も登場してきましたね。
「高分子」と呼ばれているんでした（45ページ）。
衣類の素材に使われる分子のなかで有名なものとして、「ポリエステル」が挙げられます。
衣類についているタグを見てみると、たいていポリエステルが素材として使われているでしょう。
「ポリ」という用語は「たくさん」を意味しているんでしたね（136ページ）。
ポリエステルにはいろいろな種類がありますが、代表的なものは「ポリエチレンテレフタレート」です。
次ページに示した2種類の分子がつながってできています。
「テレフタル酸（$C_8H_6O_4$）」と「エチレングリコール（$C_2H_6O_2$）」という分子ですね。
テレフタル酸は、ベンゼン環に酢酸のような構造が2つくっついています。
この分子には水素が2つしかないように見えますが、ベンゼン環についている水素が4つ分省略されているので、「$C_8H_6O_4$」です。
一方、エチレングリコールは「水酸基」を2つもっていますね。
この2つの分子を繰り返しつなげてできる分子が、ポリエチレンテレフタレートなんです。

本書では、私たちの体の中や植物の中に存在する高分子がいくつか登場しましたが、ポリエチレンテレフタレートは人類が化学反応でつくり出した高分子です。

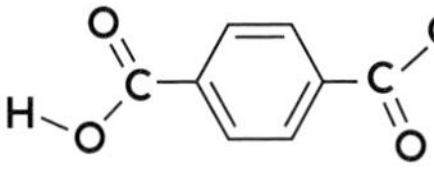

テレフタル酸
$C_8H_6O_4$

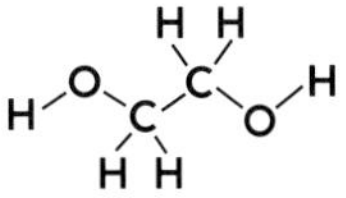

エチレングリコール
$C_2H_6O_2$

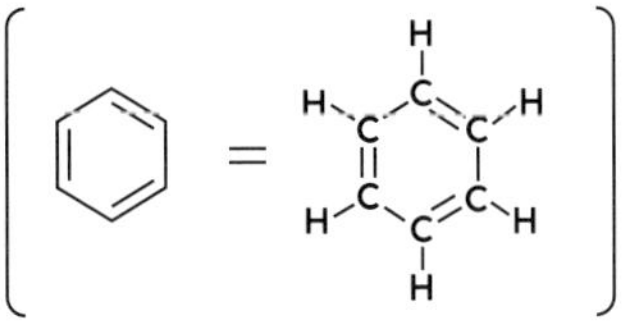

それでは、式にしてみますね。

テレフタル酸のOHの部分とエチレングリコールのHがとれてつながると、水が1つできます。

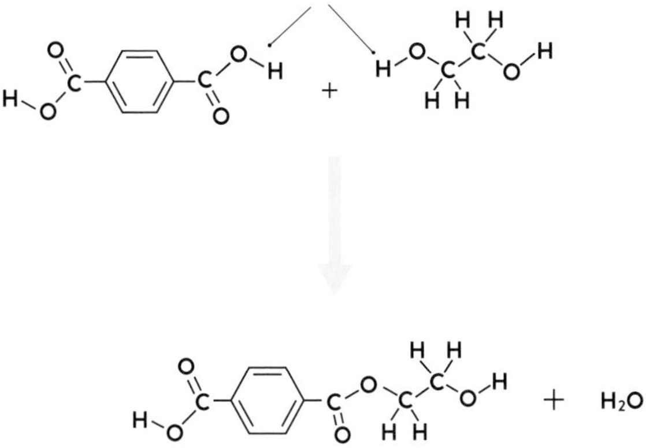

この部分がとれてつながる

$+ \; H_2O$

同様の流れで、何個も何個もつながっていきます。

つまり、次のようになります。

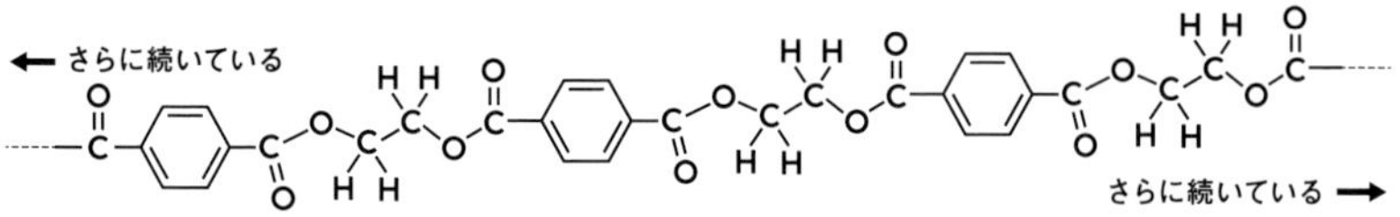

← さらに続いている

さらに続いている →

今までの高分子と違って、
2種類の分子がつながっていってるね！

つながった回数をn回とすると、下の式になりますね。

両端に残っているはずのOHとHは省略しています（省略されずに表記される場合もあります）。

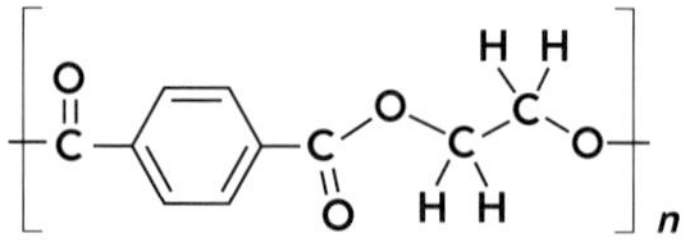

また、ポリエチレンテレフタレートの原料として、テレフタル酸の構造が少し変化した下記の分子が使われることもあります。

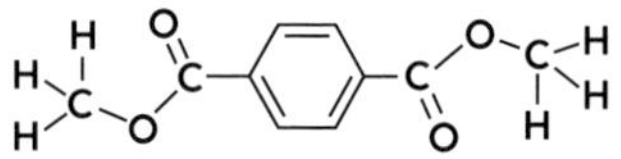

この分子とエチレングリコールを加熱することにより（150～300℃）、ポリエチレンテレフタレートが生産されています。

ちなみに、ポリエチレンテレフタレートは衣類に限らず、ペットボトルの素材としても使われていて、たくさん生産されているんですよ。

この高分子は英語だとpolyethylene terephthalateで、PETと略されます。

ペットボトルのPETは、この分子の名前に由来していたんですね。

4 衣類 ー綿$(C_6H_{10}O_5)_n$は植物由来ー

ここでは、引き続き衣類の話をしますね。

手元にある服のタグを見てみると、ポリエステルの他に綿も含まれていることが多いと思います。

綿はアオイ科ワタ属の植物であるワタからつくられたものなんですよ（科や属は植物や動物を分類するための用語です）。

種子を保護しているふわりとした繊維を加工したものが綿です。

人工的に分子をつくり出したわけではなく、自然由来の分子を衣類に用いているわけですね

合成品が普及する前は、自然由来のものを衣類の素材として使うのが主流でした。

自然由来の繊維としては、綿の他に羊毛があります。

人間の髪の毛がタンパク質であったように、羊の毛もタンパク質からできています。

他に、絹（カイコの繭）がありますが、これもタンパク質なんですよ。

それでは、本題である綿について見ていきましょう。

綿の主成分を化学式で表すと、下のようになります。

「セルロース」と呼ばれています。

$$(C_6H_{10}O_5)_n$$

この化学式は何度も見ましたね。

お米に入っているアミロースやアミロペクチン、それにミュータンス菌がつくるグルカンの化学式でした。

しかしながら、今回は服の繊維として使われる分子なので、それらとはまったく異なるものです。

同じ化学式なのに、なぜ異なるものなのでしょうか?
ここまで読んでくれた方は、お気づきですよね?
お察しのとおり、つながり方が違うんです。

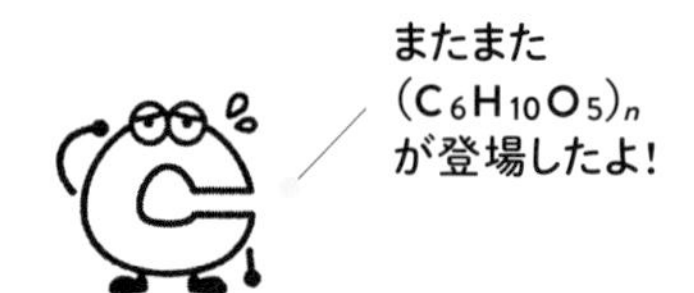

それでは、綿の主成分であるセルロースの構造を、同じ化学式であるアミロースと比較しながら見ていきましょう。
下に示すように、アミロースはグルコースがつながっている分子でしたよね。
グルコースがすべて同じ向きでつながっています。
その一方で、セルロースは、グルコースが交互にひっくり返ってつながっているんです。

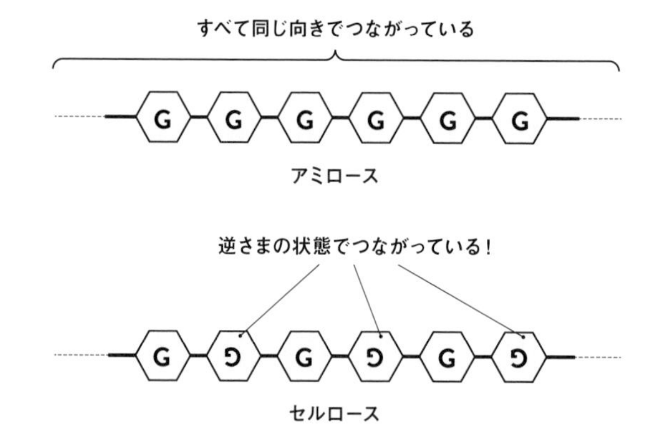

なぜ、このような違いが生じるのでしょうか?
じつは、同じグルコースでも2種類あるんです。
次に示したように、囲った箇所の水酸基の向きがちょっと違います。
下向きのものを「α(アルファ)-グルコース」、上向きのものを「β(ベータ)-グルコース」と呼びます。

α-グルコース　　β-グルコース　この部分が微妙に違うだけ

α-グルコースはアミロースやアミロペクチンに、β-グルコースはセルロースになります。

アミロースとセルロースのつながり方の違いは、このわずかな構造の違いにより生じていたわけです。

つながり方が違うので、アミロースやアミロペクチンを分解する酵素「アミラーゼ」(139ページ)ではセルロースを分解することはできないんですよ。

この特徴は食物繊維と同じです。

実際、セルロースは野菜に含まれていましたね(145ページ)。

野菜を食べたときに食物繊維として働きます。

セルロースは
食物繊維として働くし、
服の素材にもなるのね

ちなみに、こんにゃくに含まれる「グルコマンナン」という食物繊維の中にも、グルコースがひっくり返ってつながった構造が含まれています。

やはりアミラーゼでは分解できません。

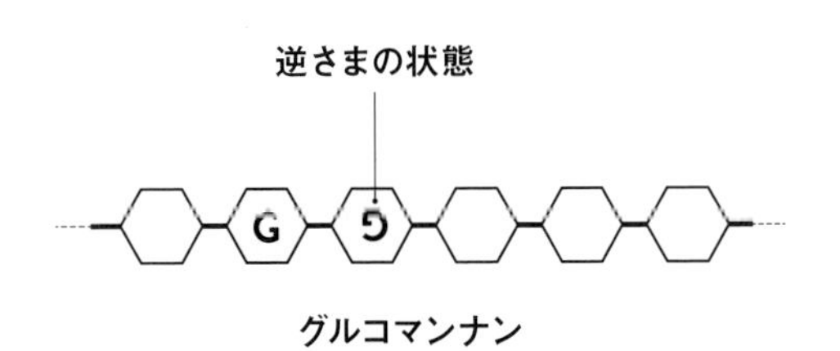

少し話が逸れましたが、これで衣類の話は終わりです。
服の素材としてよく使われているポリエステルと綿の構造がわかりましたね。

5 電池の化学

5章の最後のトピックは「電池」です。
電池にも化学式が登場するんですよ。
普段、実際に私たちが目にすることが多い電池は、乾電池だと思います。
リビングや寝室を見渡してみると、掛け時計、テレビやエアコンのリモコンなどに乾電池が使われていますよね。
リビングや寝室に限った話ではありませんが、スマートフォンやノートパソコンにも、乾電池とは形が違うけど電池が使われています。

さて、2019年のノーベル化学賞は、ジョン・グッドイナフ先生、スタンリー・ウィッティンガム先生、そして吉野彰先生に授与されました。
受賞理由は「リチウムイオン電池」の開発でした。
リチウムイオン電池は、ノーベル賞を受賞する理由になるぐらい、特別な電池なんですよ。
この電池は、小さくて軽いのに、大きなパワーをもつものなんです。
このことにより、電池で動く製品を小型化して持ち運ぶことが可能になったわけです。
携帯電話やスマートフォン、そしてノートパソコンが普及したのは、リチウムイオン電池のおかげといっても過言ではありません。

リチウムイオン電池は
小さくて軽いのに、
すごいパワーなんだね！

小さくて軽いのにパワーがあるから、
ドローンを飛ばすのにも有効ね

電気自動車の開発も、
この電池がカギになっているのさ

リチウムイオン電池について説明する前に、まずは、電池がどういうものなのかを見ていきましょう。

初めて産業的に利用されたといわれている、「ダニエル電池」を例にして説明しますね。

この電池の名前は、発明者の名前（ジョン・フレデリック・ダニエル先生）に由来しています。

一般に電池は、金属を使って化学反応を起こし、電気を起こしています。

ダニエル電池では、「亜鉛」と「銅」の2種類の金属を使います。

亜鉛の元素記号は「Zn」で、銅の元素記号は「Cu」です。

電池の仕組みをざっくりと説明すると、片方の金属からもう一方の金属に向かって「電子」が動くということです。

この「電子」が動くというのが、電気が流れるということなんです。

じつは、この2つは完全に同じ意味ではないのですが、それは後ほど説明しますね。

さて、「電子」という用語が初めて登場しました。

電子とは、なんなのでしょうか？

これを説明するために、塩……つまりNaClを例に挙げますね。

NaClはNaとClではなく、Na^+とCl^-でしたよね（28ページ）。

まずはNa^+（ナトリウムイオン）について、電子を含めて考えてみましょう。

じつは、Naから電子が1つ飛び出したものが、Na^+だったのです。
式で表すと、次のようになります。

$$Na \rightarrow Na^+ + e^-$$

「e^-」で表したものが、電子です。
マイナスの電気を帯びた非常に小さい粒（粒子といいます）です。
Na^+もちろん小さいのですが、それよりもはるかに小さいのです。
式の右側のプラスとマイナスを数えてみると、Na^+の+1とe^-の−1、これらの値を足すと0になります。
式の左側は電気を帯びていないNaなので（プラスでもマイナスでもなく0）、式の左側と右側は電気的に釣り合っていますよね。

逆にCl^-（塩化物イオン）は、Clが電子を1つ受け取ったものなんです。
下に式を示しました。

$$Cl + e^- \rightarrow Cl^-$$

今度は式の左側と右側がマイナス1で釣り合っていますね。
このように、イオンについて考える際には、電子の存在を考慮する必要があります。
前に述べたように、Naはプラスの電気を帯びやすく、Clはマイナスの電気を帯びやすいんでしたね（30ページ）。
電子の存在を含めて説明すると、Naは電子を放出しやすいためプラスの電気を帯びやすく、Clは電子を受け取りやすいためマイナスの電気を帯びやすかったというわけです。

それでは、ダニエル電池に使われている亜鉛(Zn)と銅(Cu)の話に戻りましょう。

ZnとCuは金属ですが、金属の原子は基本的にはプラスのイオンになりやすい傾向にあります。

つまり、金属は電子を放出しやすいのです。

ZnもCuもプラスのイオンになりやすいのですが、どちらがよりなりやすいのかが、決まっています。

ZnはCuよりもプラスのイオンになりやすいのです。

Zn > Cu

← よりプラスのイオンになりやすい

このことを踏まえて、ダニエル電池を見ていきましょう。

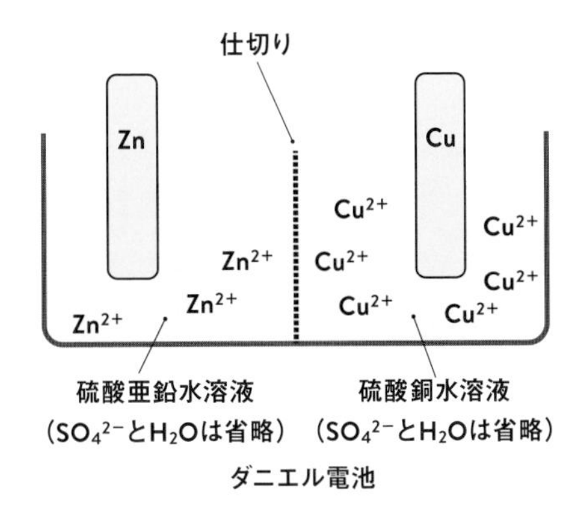

ダニエル電池

ZnとCuのかたまりが液体に浸かっています。

電池に使われるこれらの金属を、一般に「電極」と呼びます。

Znの電極は「硫酸亜鉛」を水に溶かした液体(硫酸亜鉛水溶液)に、Cuの電極は「硫酸銅」を水に溶かした液体(硫酸銅水溶液)に浸かっています。

硫酸亜鉛の化学式は「$ZnSO_4$」、硫酸銅は「$CuSO_4$」です。

水の中では、$ZnSO_4$はZn^{2+}と$SO_4{}^{2-}$に、$CuSO_4$はCu^{2+}と$SO_4{}^{2-}$に分かれています。

Zn^{2+}（亜鉛イオン）とCu^{2+}（銅イオン）は、歯のところで登場したCa^{2+}（カルシウムイオン、83ページ）のように、2+と表記されています。

Na^+と比べると、2倍のプラスの電気を帯びているという意味です。

これらの電極に、次の図のように導線と豆電球をセッティングすると、Znの電極から導線に電子が放出され、Cuの電極に向かっていきます。

このときの反応を表した式を下に示しました。

NaがNa$^+$になる式と比べてみると、2倍の電子が飛び出しています。

$$Zn \rightarrow Zn^{2+} + 2e^-$$

先ほど述べたように、電子が動くということは、電気が流れているということなので、導線につながれている豆電球の明かりがつきましたね。

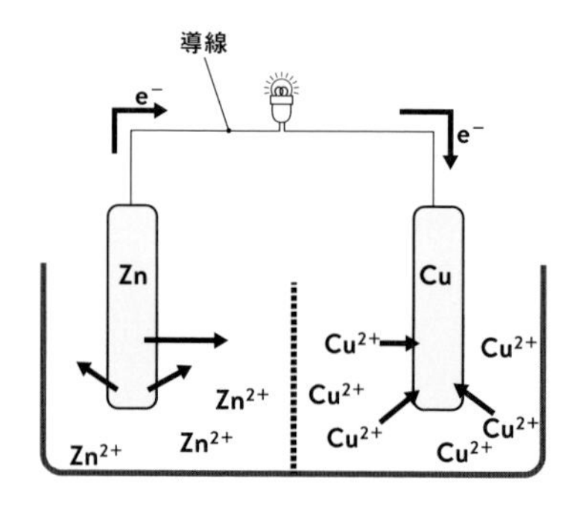

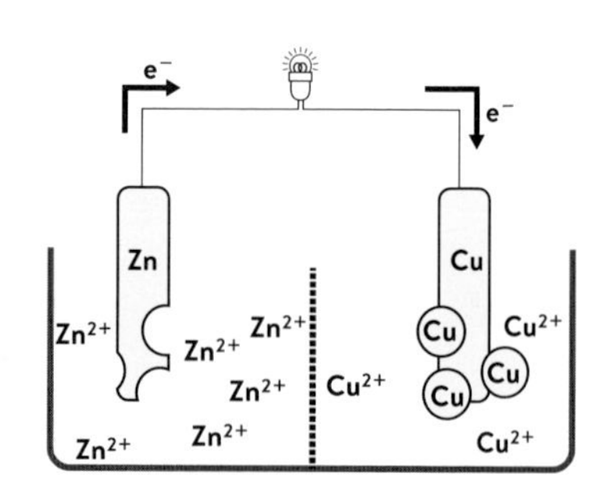

Znの電極から電子が放出されるのと同時に、ZnがZn^{2+}（亜鉛イオン）になり、水の中に溶け出します。

右の図では、電極のZnが減り、水の中のZn^{2+}が増えていますね。
その一方で、Cuの電極からは電子が出ていきません。
先ほど述べたとおり、Znのほうが電子を放出しやすいからです。
Znの電極から出ていった電子は、Cuの電極に向かっていくわけですが、Cuは電子を受け取ることはできません（Cuはプラスになりやすいため）。
あらかじめ水の中に溶かしておいた、Cuが電子を失っている状態であるCu^{2+}（銅イオン）が電子を受け取ります。

$$Cu^{2+} + 2e^- \rightarrow Cu$$

右の図を見てみると、電極のCuが増え、水の中のCu^{2+}が減ったことがわかりますね。
以上の2つの化学反応によって導線に電子が流れる仕組みをつくり、導線の途中にある豆電球を光らせたわけです。
要するに、化学反応で発生したエネルギーを、電気エネルギーに変えたのです。
ちなみに、2種類の水溶液は仕切りで分けられていて、硫酸亜鉛水溶液と硫酸銅水溶液が簡単には混ざりません（仕切りは完全に水溶液の中のイオンを通さないというわけではありません）。
この仕切りがないと、水溶液の中にいるCu^{2+}はZnの電極に容易に到達し、Znから直接、電子をもらってしまいます（$Cu^{2+} + 2e^- \rightarrow Cu$）。
そのため、導線に電子が流れなくなってしまいます。

さて、ダニエル電池が開発された後も、さまざまな金属で試され、いろいろな電池が開発されてきました。
例えば、マンガン電池（マンガンMn、亜鉛Znを含む）やニカド電池（電極にニッケルNi、カドミウムCdを含む）、鉛蓄(なまりちく)電池（鉛(なまり) Pbを含む）などです。

電極に使っている金属は異なりますが、基本的な原理はすべて同じです。

なお、ニカド電池と鉛蓄電池は「充電」が可能です。

ニカド電池は、リチウムイオン電池が開発される前に普及していたんですよ。

普段目にすることが多い「乾電池」は、Mnを含んでいるマンガン乾電池や、アルカリ（マンガン）乾電池ですね。

乾電池内部の構造の詳細は、ダニエル電池とは違うのですが、原理は同じです。

乾電池の内部に2種類の電極があり、いわゆるマイナス側から電子が放出されて、プラス側に流れていきます。

注意してほしいのは、ややこしい話ではありますが、電気の流れ（電流）は電子の動く方向とは逆向きであるということです。

これは、電子のことがまだよくわかっていなかったときに、電流がプラスからマイナスに流れると決めた（定義した）からなんですよ。

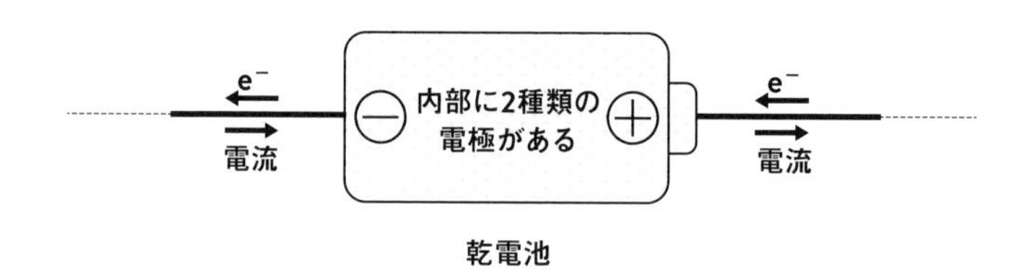

乾電池

乾電池の一例として、マンガン乾電池の内部構造を覗いてみましょう。

次の図は、細かい部分は省略して単純にしたマンガン乾電池です。

それでも少々複雑ですが、たしかに2種類の電極がダニエル電池のときとは違う形でとりつけられていることがわかりますね。

ちなみに、この乾電池で使われているのは亜鉛（Zn）と、二酸化マンガン（MnO_2）というMnを含む電極です。

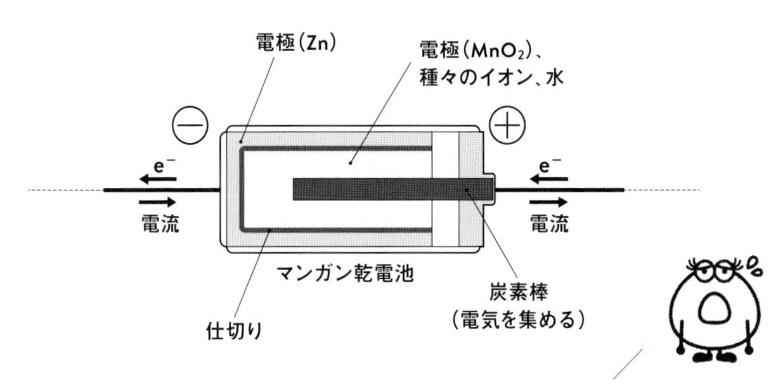

仕切りがないと、電極同士が
ぶつかってしまうわ(ショート)。
激しく反応して危険なのよ

続いて、「充電」の話に移りたいと思います。

ここまでは電池を消費する「放電」の説明でしたが、充電の際はどのような化学反応が起こっているのでしょうか?

実際に充電電池として使うことはできないのですが、わかりやすいのでダニエル電池を例にして充電の原理を説明しますね。

Znの電極がだいぶ消耗している状態の図を下に示しました。

乾電池を使って充電していますね。

乾電池のマイナス側から電子が出て、プラス側から電子が入っています。

ダニエル電池の放電とは、電子の動きが逆になりますね。

乾電池の力によって、放電のときとは逆向きの化学反応が起こるのです。

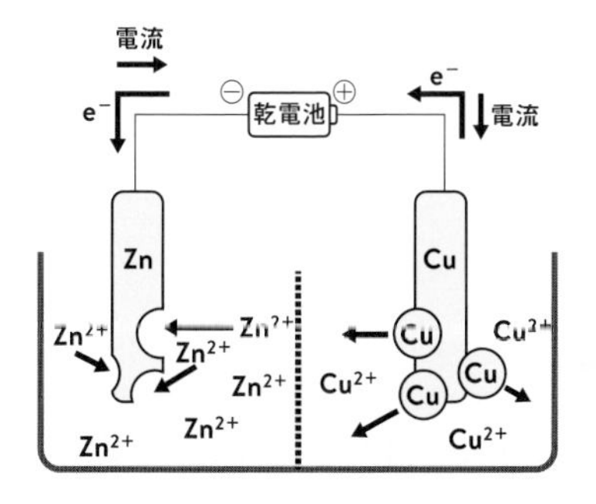

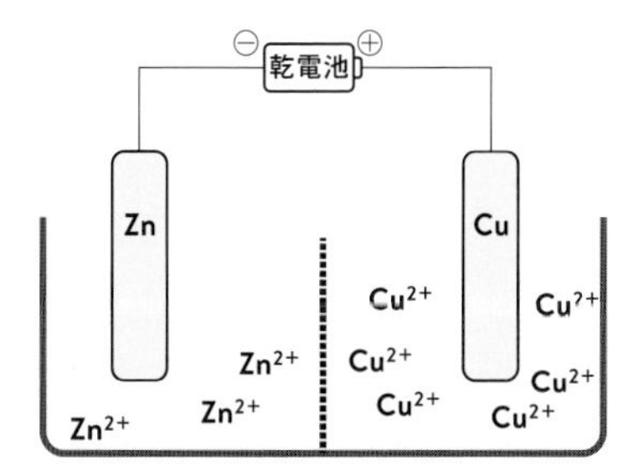

Znの電極のほうでは、次の式で示す反応が起こっています。
水溶液の中のZn^{2+}が電子と反応し、Znが電極にくっつきます。

$$Zn^{2+} + 2e^- \rightarrow Zn$$

一方、Cuの電極のほうでは、電極のCuがCu^{2+}になって水溶液の中に溶け出し、電極からCuがとれていきます。

$$Cu \rightarrow Cu^{2+} + 2e^-$$

これらの反応は、放電のときのように自然には起こらず、乾電池を使うことによって初めて起こったわけです。
別の電池を使って（もしくはコンセントにつないで）、放電時とは逆の反応を起こすことが充電だったんですね！
なお、このようにダニエル電池を充電することはできるのですが、硫酸銅水溶液中のCu^{2+}が徐々に仕切りを越えて左側に向かい、電子と反応して発生したCuがZnの電極上にくっついてしまう可能性があります（$Cu^{2+} + 2e^- \rightarrow Cu$）。
そのため、充電してももとの状態に戻るとは言い難く、上で述べたとおり、実際に充電電池として使うことができないのです。

6 リチウム電池とリチウムイオン電池 Li、Li^+

前節では、電池の放電と充電を中心にお話ししました。
ここでは、前節の冒頭で紹介したリチウムイオン電池の話題に移りたいのですが、その前に「リチウム電池」の説明をしておきます。

この電池は、リチウムイオン電池より以前に開発されたものです。

名前にイオンが入っていませんが、どういうものなのでしょうか?

下に、リチウム電池の図を示しました。

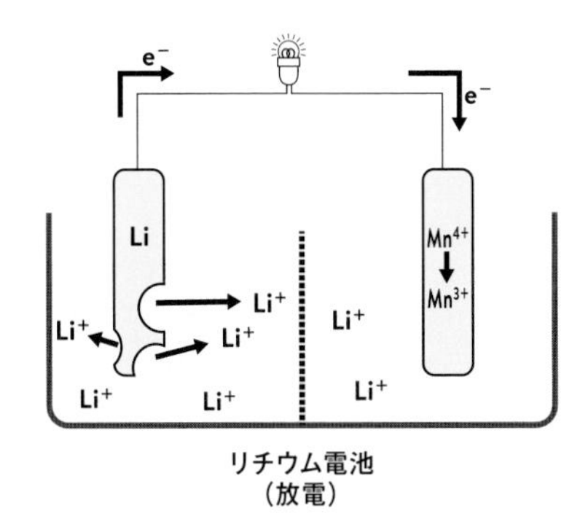

リチウム電池
(放電)

リチウム電池の左側の電極は、その名のとおり「リチウム」という金属でできていて、放電の際はリチウムの電極から電子が放出されます。

リチウムの元素記号は「Li」で、電子を1つ放出してリチウムイオン「Li^+」になります。

ちなみに、Liは水と化学反応を起こしてしまうので、電池内部の液体は有機溶媒(油系の液体)を使っています。

$$Li \rightarrow Li^+ + e^-$$

放出された電子は反対側の電極に向かいます。

反対側の電極にはMn^{4+}と書かれています(実際はMnO_2の形で存在)。

Mnは先ほども登場しましたが、「マンガン」という金属の元素記号です。

導線から入ってきた電子を1つ受け取って、Mn^{4+}からMn^{3+}になります。

電子を1つ取り込んだので、マンガンの+が1減少していますね。

$$Mn^{4+} + e^- \rightarrow Mn^{3+}$$

ここでは式を簡単に書いているよ。
実際は$MnO_2 + e^- + Li^+ \rightarrow LiMnO_2$
と表され、右側の電極にLi^+が取り込まれているのさ

ちなみに、電子を受け取る右側の電極には、他にもさまざまな種類があります。

例えば、FeS、CuO、(CF)n、$SOCl_2$などが使われています。

金属が含まれている電極は、FeS（硫化鉄、Feは鉄）、CuO（酸化銅）です。

残りの（CF)n（フッ化黒鉛）、$SOCl_2$（塩化チオニル）には金属が含まれていません。

このことから、リチウム電池はダニエル電池とは少し異なる電池のような感じがしますが、一方の電極で化学反応が起きて電子が発生し、もう一方の電極に電子が到達して化学反応が起きるという一連の流れは共通しています。

続いて、リチウム電池の長所についてお話ししましょう。

一方の電極にLiを使うと大きなメリットがあるんですよ。

なぜなら、Liはプラスのイオンにとてもなりやすい金属だからです。

先ほど登場したZnよりも、プラスのイオンになりやすいのです。

Li > Zn > Cu

←よりプラスのイオンになりやすい

リチウム電池は、それまでの電池と比較して、とても大きいパワーをもっています。

これは、Liがイオンになりやすいことが要因です。

つまり、電極のLiがLi^+としてどんどん溶けて、その分の電子が電極から放出されるわけです。

パワーがすごく大きいので、リチウム電池はコイン型の電池のように小型化しても使うことができます(円筒型のものもあります)。

コイン型電池の内部構造の詳細は先ほどの図とは異なりますが、原理や電極は同じものです。

また、リチウムは最も軽い金属であるため、電池を軽量化できるというメリットもあります。

さて、先ほど充電について説明しましたが、電池は充電できるかどうかが大事なポイントですよね。

身近な例でいえば、スマートフォンを使っている人は、日常的に充電していることと思います。

リチウム電池はすごいパワーをもち、軽くて小さい優れた電池なのですが、充電電池として使うことはできません。

これはいったいどういうことなのか、リチウム電池の充電について見ていきましょう。

充電とは、放電のときとは逆の反応が起こるんでしたね。

充電を行なうと、液体の中のLi^+が電子を受け取り、Liになります($Li^+ + e^- \rightarrow Li$)。

生じたLiが左側の電極にくっついていくわけですが、そのときに電極の表面がデコボコした状態になってしまいます。

放電と充電を繰り返していくうちに、そのデコボコが大きくなっていき、イメージとしては下図のような状態になります。

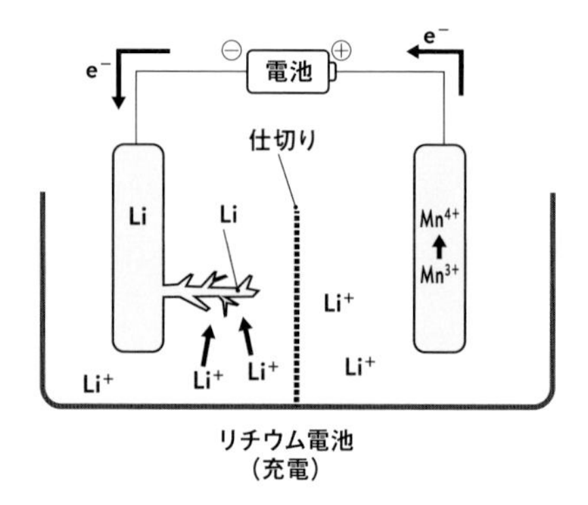

リチウム電池
(充電)

樹状の(木の枝のような)突起が伸びていき、仕切りを突き破ってもう一方の電極とぶつかってしまうのです。

この突起はもちろんLiでできているので、電極の間で直接、電流がたくさん流れてしまいます。

その結果、電池内部の温度が上昇して、爆発の恐れもあり非常に危険です。

このことが大きな問題となり、リチウム電池を充電電池として使うことは難しいのです。

では、本題のリチウムイオン電池は、どのような電池なのでしょうか?

冒頭でお話ししましたが、この電池もリチウム電池と同様に小型化してもパワーがあり、しかも軽いのです。

これだけならリチウム電池の特徴と同様ですが、リチウムイオン電池には充電が可能であるという大きなメリットがあるのです。

この電池を表した図を次に示しました。

左側の電極では炭素が層状になっています。

こちらの電極をAとしておきましょう。

右側の電極は「コバルト酸リチウム」でできています。
「コバルト」は金属の名称で、元素記号は「Co」です。
図を見てみると、Co以外にはO（酸素）とLi^+、そしてe^-（電子）が存在していますね。
こちらも層状になっており、Li^+は層の間に存在しています。
こちらの電極はBとしておきましょう。
2つの電極がある点はこれまでと同じですが、電極の中身の様子がなんだか違いますね。
ちなみに、リチウム電池と同様、電池内部の液体は有機溶媒（油系の液体）を使っています。

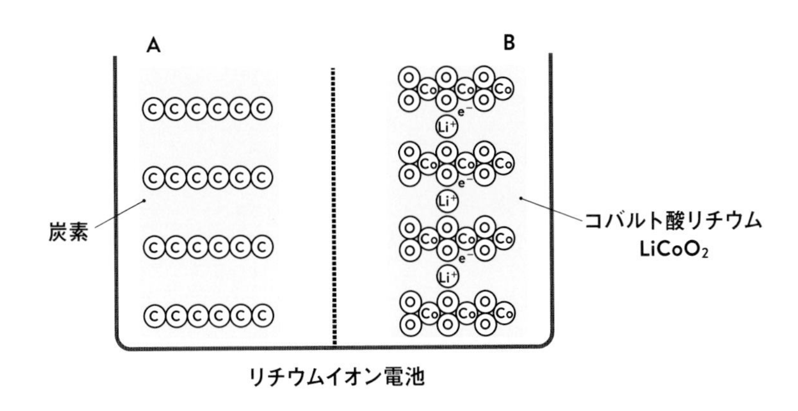

それでは、もう少し詳しく見ていきましょう。
この電池については、充電するところから説明しますね。
上図のリチウムイオン電池を充電するために、これまで通り乾電池をセッティングします。
そのときの様子を次に示しました。

乾電池のマイナス側から電子が出て、プラス側に電子が入ってくる流れになっていますが、その過程で、電極Bにいた電子は、導線を通って電極Aに移動していきます。

移動後、電極Aでは電子が炭素の層の近くに存在しています。

また、電極BにいたLi^+は、電池内部を通って電極Aに移動します。

層状になっている炭素の間にLi^+が入っていますね。

これで充電が完了しました。

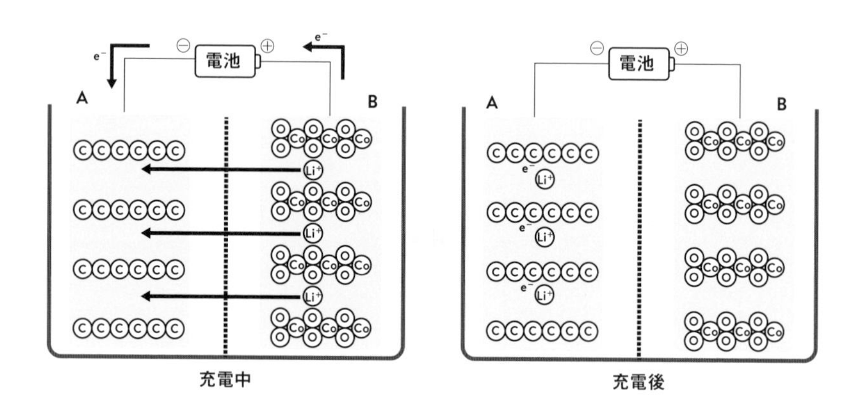

続いて、放電時の説明に移ります。

導線に豆電球をつなぐと、充電のときとは逆のことが起こります。

電極Aにいた電子は導線を通って電極Bに向かうので、導線につながれている豆電球の明かりがつきます。

Li^+は、電池内部を通って電極Bに移動します。

こうして、電子もLi^+も電極Bに入り、もとの状態に戻りました。

充電中も放電中も、導線に電子が流れるとともにLi^+が電極から電極に移動していますね。

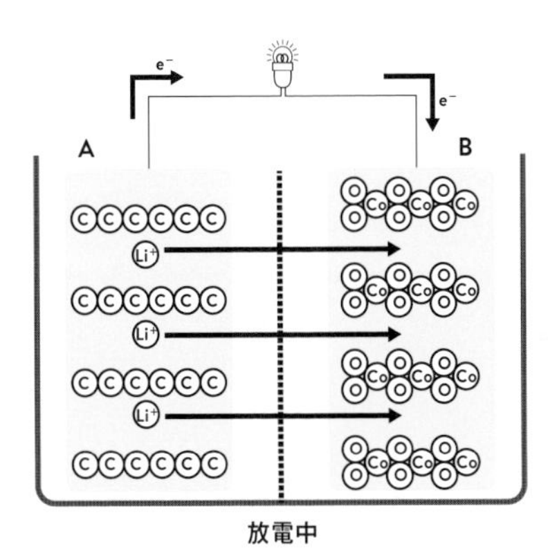

放電中

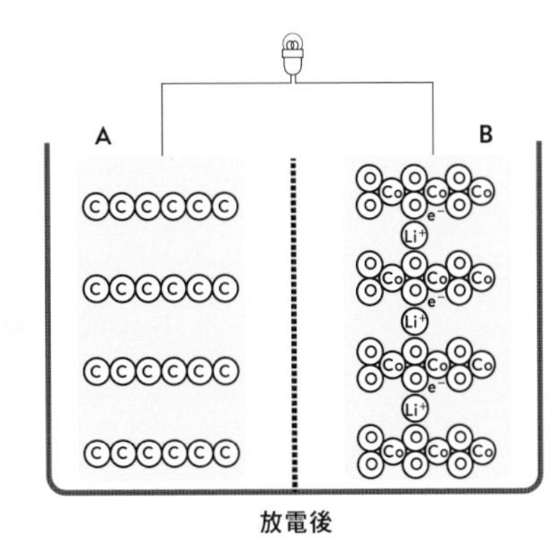

放電後

ダニエル電池やリチウム電池では、電極の金属が溶け出したり、電極に金属がくっついたりしていました。

リチウムイオン電池の電極は、そのような大きな変化が電極に起こるわけではなく、上図のとおり電極の内部でのみ変化が起こるようにつくられているのです。

リチウムイオン電池は、このおかげで効率よく充電、および放電ができるようになりました。

さて、リチウム電池は、Liが電極に樹状にくっついて危険なため、充電電池として使うことが難しいという話でした。

リチウムイオン電池は、充電の際、電極にLiがくっついていかないように（Li^+がLiにならないように）つくられているわけですから、安全性が高まっています。

そのため、リチウムイオン電池は充電電池として使うことができるのです。

ずっとリチウムイオンの状態だから、リチウムイオン電池なんだね!

LiからLi^+への変換やLi^+からLiへの変換がないのに電子が流れるから効率的なのね

また、先ほど、リチウム電池の大きなパワーはLiがイオンになりやすいことが要因になっていることを述べました。

リチウムイオン電池の場合は、Li^+が炭素の電極から出ていきやすいことが大きなパワーの要因になっています。

Chapter

6

屋外の化学式を見ていこう!

いよいよ、この章で最後です。
最終章は屋外に向かいますね。
それでは早速、屋外に関連する化学を学んでいきましょう。

1 ガソリンと石油

屋外での移動手段には、徒歩、自転車、バス、バイク、自動車……と、いろいろあります。
このなかで人がそれほど力を使わなくても使用できるのは、自動車やバイクなど、「ガソリン」を使うものですよね?
自動車やバイクなどにとって大切なガソリンは、そもそも「石油」からとれるものです。
日本は石油を輸入に頼っていて、99.6%(2015年度)が輸入ですね。
日本に輸入される石油のうち、8割ぐらいがサウジアラビアをはじめとした中東地域からのものです。
輸入に頼り切ってはいますが、日本でも秋田県や北海道でとることができます。
生産量は下降傾向にありますが、ちゃんと国内産の石油もあるんですよ。

さて、セッケンについて説明する際にも石油の話が出てきましたよね。
セッケンの項目では、水と油の説明をしました。
石油は水と油のどちらか……といわれたら、その名のとおり、もちろん油です。
石油からとれるガソリンも、もちろん油です。
黒くてドロドロした液体というイメージですが、サラサラしたものもあるそうです。
石油は生物が死後、地下深くで菌によって分解され、熱や圧力で固化されてできたものと考えられています(諸説あり)。

地下1000〜4000 mのところで見つかることが多いのですが、それ以上深いところの場合もあります。

なんと数億年前の生物に由来するものと考えられています。

このようにしてつくられた石油の中には、どのような分子が入っているのでしょうか?

セッケンのところで述べたように、炭素原子Cと水素原子Hのみからなる分子がたくさん含まれており、その数は数百万種類（!）といわれています。

このような分子を、「炭化水素」と呼ぶんでしたね。

炭素の数だけでいうと、炭素が1個のものから50個ぐらいまでの分子が含まれています。

例えば、下記のような構造です。

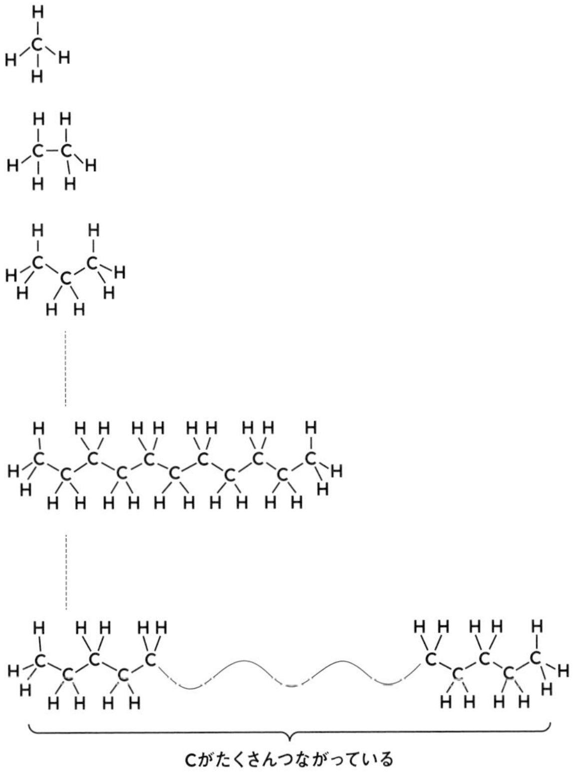

Cがたくさんつながっている

油脂に含まれていた構造のように、真っ直ぐにつながっていますね。
中には、次に示したように輪っかになった分子も含んでいます。
これもセッケンのところで紹介しましたよね（107ページ）。

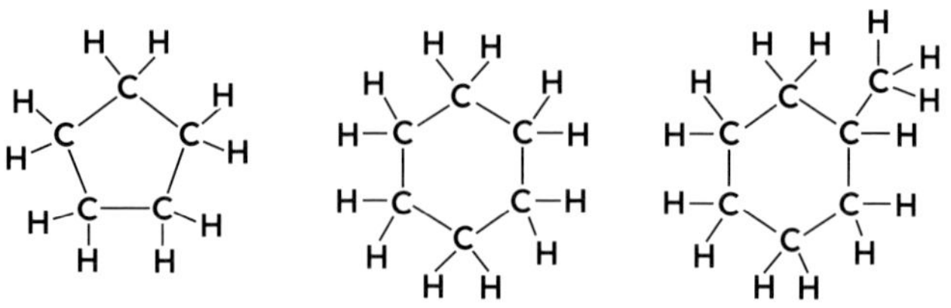

これらの成分は、「天然ガス」「ナフサ」「灯油」「軽油」「残渣油」という名称で分類されています。
これらは、石油の中に存在する分子の、炭素の数に応じて分類されています。
炭素原子Cと水素原子Hのみからなる分子が含まれているわけですが、炭素の数だけ書いてC_1やC_5のように表しています。
石油の分野では、このように表すのが一般的です。
このような表し方は化学の分野ではほとんど見かけません（化学ではC_1の小さい1は省略しますしね）。
天然ガスのところではC_1–C_4と書いてあります。
これは、Cが1つ含まれている分子から4つ含まれている分子までが、このカテゴリーに含まれている……という意味です。
炭素Cを2つもっている分子「エタン」と、3つもっている分子「プロパン」の構造を例に示しています。
もちろん、これまで見てきたように、それぞれの分子には水素が何個かくっついています。

C_2H_6(エタン)、C_3H_8(プロパン)など、
炭素Cが1〜4つの分子

	沸点
天然ガス C_1-C_4	常温以下
ナフサ C_5-C_{11}	30〜180℃
灯油 C_9-C_{18}	170〜250℃
軽油 $C_{14}-C_{23}$	240〜350℃
残渣油 C_{16}以上	350℃以上

一番右の項目に「沸点」が書いてあります。

沸点は分子によっておのおの異なる値です。

分子によって異なるので、沸点が範囲で書かれていますね。

じつは、石油の成分は、沸点によって分類されているのです。

沸点の項目を見てみると、その値は下にいくほどどんどん高くなっているのがわかると思います。

一番上のC_1–C_4は沸点が常温以下なので、このカテゴリーに含まれる分子は気体です。

天然ガスという名前が示すとおりですね。

C_3の分子「プロパン」は、「プロパンガス」という名前で聞き覚えがあるかと思います。

分子が小さくなると(原子の数が少ないと)気体になる傾向があります。

天然ガス以外にも、H_2やO_2、N_2などの小さな分子は気体でしたよね。

小さいからといって、
必ず気体に
なるわけではないけどね

さて、このように沸点ごとに分類されているのは、石油中の分子を「蒸留」という技術で分離しているからです。

蒸留という用語は学校の教科書に載っていたはずです。

もしかしたら、学校で実験したことがある人もいるかもしれません。

身近なものだと、「蒸留酒」なんて言葉も耳にしますよね?

この技術により、2種類以上の分子が混ざっているものを分離することができます。

どのような技術だったでしょうか?

具体的な例を挙げて思い出してみましょう。

海水を題材にします。

以前説明したように、海水から塩(NaCl)を取り出したいときは、水を干上がらせればよかったですよね?(31ページ)

逆に、塩を取り除いて水だけを手に入れたいときは、蒸留の技術が必要になります。

つまり、下記のような実験をします。

丸い形をしたフラスコの中には海水(主にH_2OとNaCl)が入っています。

それを下からガスバーナーで加熱していますね。

フラスコの先には、周りに冷却水が流れている冷却器があります。

そして、冷却器の先には三角フラスコが置かれていますね。

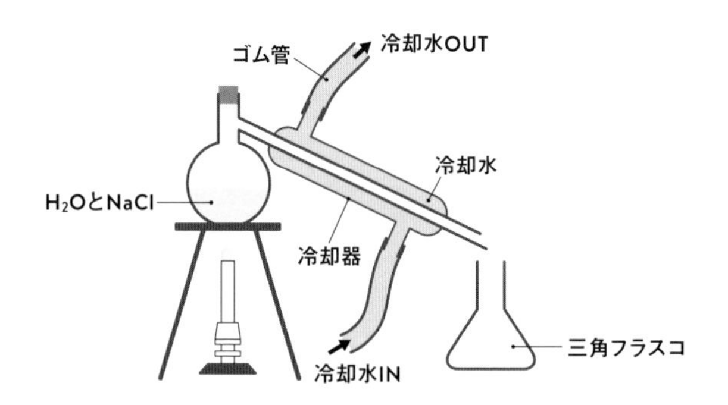

蒸留を行なうためには、丸いフラスコの中に入っている海水を沸騰させます。

加熱を続けると約100℃で海水が沸騰し（じつは、NaClの影響により100℃よりちょっと高くなります。「沸点上昇」という現象です）、気体のH_2Oが勢いよく飛び出してきます。

ここで、沸騰について分子レベルで確認しておきましょう。

私たちは普段、電気ポットやヤカンを使って水を沸騰させています。

沸騰とは、加熱したエネルギーで分子が動き回って、水の内部から外へ飛び出していくことです。

見た目では、水の内部からボコボコと気泡が飛び出してきます。

あの気泡が、気体になった水の分子です。

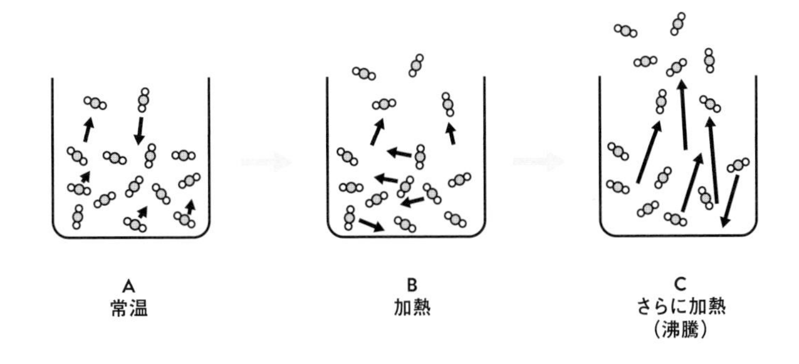

図のAに示したように、常温でも水分子は運動しています。

水の中で動き回っていますね。

一定数の水分子は水面から外に飛び出したり、戻っていったりしています。

水の分子は、常温でも水面を介して、液体と気体を行き来しているんですよ。

加熱すると分子の動きが活発になり、水面から飛び出す分子が増えてきます（図のB）。

さらに加熱して沸点（100℃）になった状態が図のCになります。

水分子の動きがもっと激しくなり、（水面からだけではなく）水の内部からも勢いよく分子が外部へと飛び出していきます。

この状態が沸騰です。

この現象は、水の分子に限った話ではありません。

エタノール（C_2H_5OH、お酒の成分）でも、石油に含まれている分子でも変わりません。

それでは蒸留の話に戻ります。

沸騰したH_2Oが気体として勢いよく飛び出した後、水の分子は冷却器の冷却水によって冷やされて液体のH_2Oに戻り、三角フラスコに溜まっていきます。

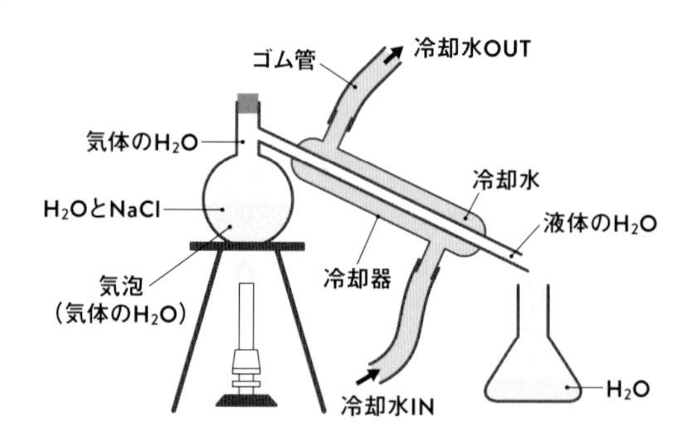

NaClは左のフラスコの中にそのまま残っています。

加熱を続けていれば、H_2OとNaClを分けることができます。

NaClはもともと固体で、H_2Oは液体でした。

蒸留を行なうことにより、固体と液体を分離することができたわけです。

さて、石油の話に戻りましょう。

石油は炭素の数によって分類されているわけですが、もともとは混合された状態です。

先に述べましたが、数百万種類の液体や気体の分子が含まれているわけです。

このようなさまざまな分子が混合している石油を蒸留するわけですから、海水のときのように単純な話ではありません。

また、水は100℃で沸騰しますが、石油中の分子の沸点は100℃ではありません。

もちろん、分子の種類によって、それぞれの沸点があります。
例えば、以下のようになります。

		沸点
メタン	CH_4	−162℃
エタン	C_2H_6	−89℃
プロパン	C_3H_8	−42℃
ヘキサン	C_6H_{14}	69℃
オクタン	C_8H_{18}	126℃
ドデカン	$C_{12}H_{26}$	215℃
水	H_2O	100℃
エタノール	CH_3CH_2OH	78℃

炭素と水素のみからなる分子は、やはり大きな分子ほど沸点が高くなる傾向がありますね。
一方、水の沸点はもちろん100℃であり、エタノールは78℃です。
これら2つの分子は、大きさのわりに高い沸点をもちます。
その理由は、水もエタノールも、髪の毛のところで述べた「水素結合」を形成しているためです（120ページ）。
酸素と水素がつながっている部分は、それぞれわずかにマイナス、わずかにプラスになるんでしたね（38ページ）。
水素結合により分子同士が引き合っているため、分子の大きさのわりに沸点が高くなります（分子が液体内部から飛び出しにくくなります）。

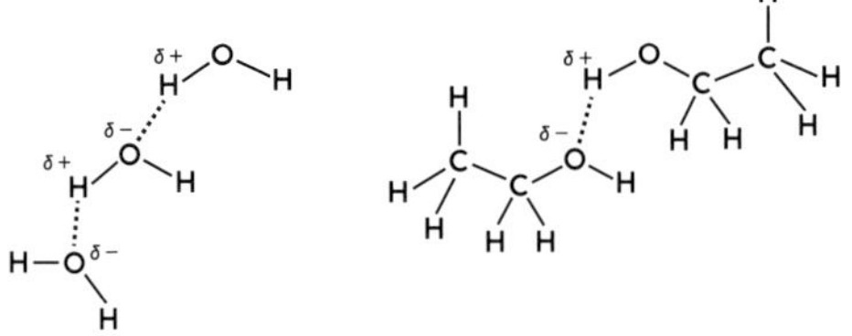

ちなみに先ほど話に出た蒸留酒は、蒸留によってエタノールと水が混ざった液体からエタノールを優先的に取り出し、エタノールの濃度を上げたお酒のことです。

沸点が低いほうの分子から優先的に取り出せるわけですね。

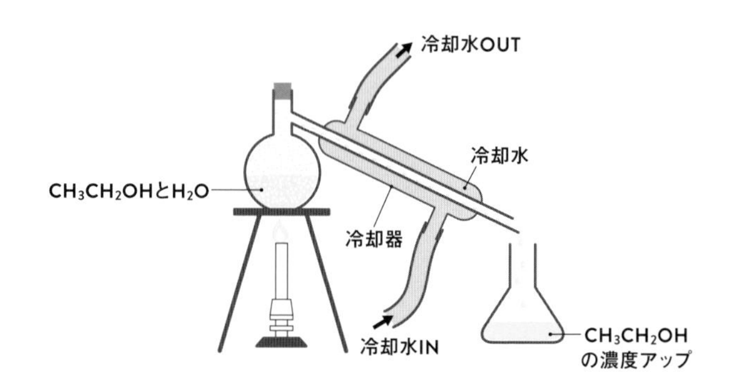

石油も蒸留酒をつくるときと同様です。

このことからも、石油を熱していけば、沸点の低い分子から出てくることが想像できると思います。

蒸留によって、石油に含まれている分子を分離できることがわかりますね。

ただし、石油の中の分子を1種類ずつ分離できるわけではなく、沸点の近いものをまとめてとってきています。

その様子を次ページに模式図で示しました。

右側に、分離されて得られたものが書かれていますが、これらは最初に紹介した石油の分類と同じですね。

蒸留で分離するカテゴリーごとに、名前がつけられているわけです。

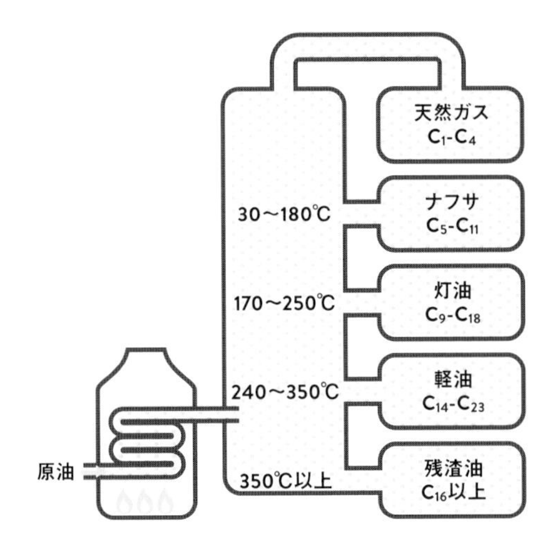

蒸留前の石油は、「原油」と呼ばれています。

装置の形が蒸留の説明のところで描かれていたものとはだいぶ違いますが、原理は一緒です。

原油を加熱して気体にし、冷却して液体に戻します（天然ガスは気体のまま）。

蒸留により、沸点の差を利用して石油の成分を分けていくのです。

このようにして分離したカテゴリーごとに、さらに手を加えて製品にしていきます。

例えば、はじめにお話ししたガソリンは、ナフサからつくることができるんですよ。

ナフサに専用の試薬を加えて加熱することにより化学反応を起こさせ、さらに他の添加物を調合してガソリンにします（ちなみに、重油（後述）と軽油からもガソリンをつくっています）。

したがって、ガソリンの中にはいろいろな分子が含まれています。

そして、ご存じのとおり、自動車などを動かす原動力になります。

また、これまでに出てきた化学製品を例に挙げると、衣類のところで登場した「ポリエステル」の材料を石油の成分から化学反応でつくることができます（164ページ）。

この話は少々専門的ですが、200ページで紹介します。

ちなみに、原油の蒸留で装置の下部に溜まった残渣油は、圧力が低い状態でもう一度蒸留が行なわれ、「重油」「潤滑油」「アスファルト」に分離されます。

残渣油は沸点が高過ぎるため、沸点を下げたわけです（圧力を低くすると沸点が下がります）。

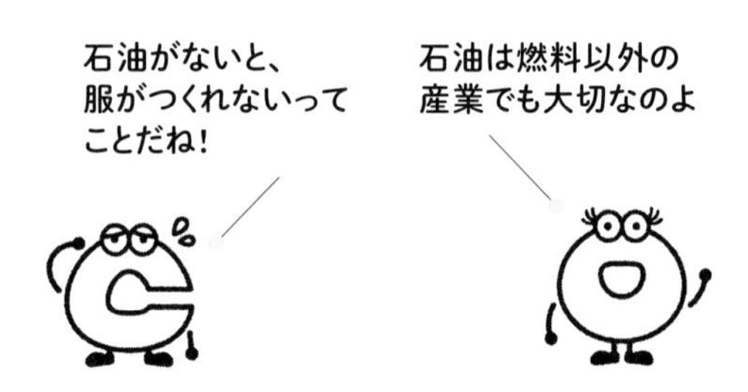
石油がないと、
服がつくれないって
ことだね！
石油は燃料以外の
産業でも大切なのよ

さて、ガソリンはどのようにしてエネルギーに変換されるのでしょうか？

ガソリンの中にはいろいろな分子が含まれているわけですが、ここでは化学式C_8H_{18}の炭化水素を例にして考えてみましょう。

次の化学反応式をご覧ください。

$$C_8H_{18} + 12.5O_2 \rightarrow 8CO_2 + 9H_2O + \text{エネルギー}$$

この分子と酸素を混合させて点火すると、燃えてエネルギーが生まれます。

酸素がないとものは燃えない……と聞いたことがありませんか？

その酸素が、化学反応式の左側に書かれている酸素です。

物質が酸素とともに光や熱を発生しながら反応する……これが、いわゆる「燃焼」です（第1章でも水素の燃焼を紹介しました）。

このような化学反応がエンジンの中で起こっていて、このエネルギーが利用されて自動車が動いています。

このとき、水と二酸化炭素ができます。

酸素の前に書いてある12.5が小数なのでわかりづらいですね。
12.5個分の酸素といわれても、イメージしづらいです。
こういうときは、式全体を2倍にして考えてみましょう。
こうすると、考えやすいですね。

$$2C_8H_{18} + 25O_2 \rightarrow 16CO_2 + 18H_2O + \text{エネルギー}$$

(前の式の2倍分)

このようにして、エンジン部でガソリンの分子（炭化水素）を燃やし、エネルギーを発生させて自動車などを動かしているのです。
実際には、ガソリンが二酸化炭素と水に変換されるまでにはもっと複雑なプロセスを経ているそうです。
このプロセスは専門家の研究対象になっています。
さて、この式について、もう少しよく考えてみましょう。
よく見直してみると、この式は以前に登場した呼吸の化学反応式と似ていますよね（17ページ）。

$$C_6H_{12}O_6 + 6O_2 + 6H_2O \rightarrow 6CO_2 + 12H_2O + \text{エネルギー}$$

動物の呼吸では生体内の酵素が反応を促し、エネルギーが生まれます。
ガソリンの燃焼では、点火すると反応が起こり、エネルギーを得ることができます。
反応の引き金になっているものはぜんぜん違いますが、私たちと車の活動が似たような化学反応式で表せるなんて、ちょっと驚きですね。

2 石油からつくられるもの ～もっと詳しく！～

ここでは、石油について補足の話をします。

前節で触れた「石油を分離して化学反応で変換すると、ポリエステルの材料になる」という話について、もう少し具体的に説明します。

ポリエステルは、ポリエチレンテレフタレートのことを指す場合がほとんどでしたね。

ポリエチレンテレフタレートはたくさんの分子がつながってできている高分子です。

この高分子をつくるための材料は、「テレフタル酸」と「エチレングリコール」の2つでした。

これら2つの分子は、石油から人工的につくられているんです。

石油から得られる*p*-キシレン（*p*は「ピー」ではなく「パラ」と読みます）を化学反応によって変換させることにより、テレフタル酸をつくることができます。

p-キシレンは、ナフサの熱による分解および化学反応を経て得ることができます。

p-キシレンを、酸素分子（O_2）が存在する状態で、コバルト（Co）とマンガン（Mn）という金属の元素、そして臭素（Br）を含む化学薬品と反応させます。

この化学反応は、200℃以上の高い温度で行なわれます。

この反応が進むためには、エネルギーがたくさん必要なんですね。

反応後は、両端の炭素原子Cに3つの水素原子Hがくっついた部分が変換されているのがわかると思います。

酸素原子Oを与えられたので、酸化反応ですね（125ページ）。

このようにして、石油から得られる分子から、化学反応によってテレフタル酸をつくることができます。

O_2
Co、Mn、Brを
含む化学薬品
(200℃以上)

酸素原子がくっついた

p-キシレン C_8H_{10}
(石油から得られる)

テレフタル酸 $C_8H_6O_4$
(衣類の材料)

また、もうひとつの材料であるエチレングリコールも、石油から得られるエチレンという分子から化学反応によってつくられます。

エチレンは、天然ガスやナフサを熱により分解して得ることができます。

エチレンは、炭素が2つの線で結ばれており、水素が4つくっついている分子です。

まず、この分子に、やはり酸素分子(O_2)が存在している状態で、銀(Ag)とアルミナ(Al_2O_3、「Al」はアルミニウムの元素記号)という物質が混ざった化学薬品を反応させます。

この化学反応によってエチレンに酸素原子Oがくっつき、三角形の構造をもつ分子(エチレンオキシド)に変換されます。

ここでも200〜300℃の高温が必要です。

続いて、変換された分子を水と加熱して反応させると、H_2Oがくっついて、目的のエチレングリコールが得られます。

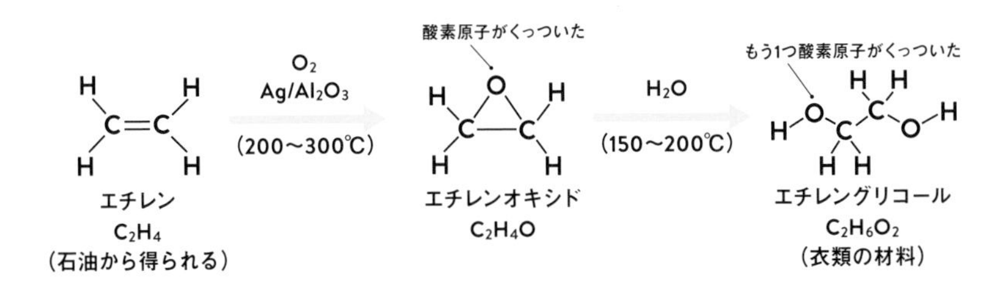

このように、化学反応を利用して、石油に含まれている分子から衣類やペットボトルの素材であるポリエチレンテレフタレートの材料をつくることができます。

どちらの材料も炭素原子と水素原子だけからなる分子に、酸素原子を追加していますね。

自然界から得られた分子に人間が化学反応で手を加えて、製品化しているわけです。

化学反応が
生活の役に立っているんだね！

3 タイヤ ーゴムの化学式は$(C_5H_8)_n$ー

これまで石油とガソリンの話をしてきました。

ここでは、車に関連したトピックとして「タイヤ」について化学の視点で見ていきましょう。

タイヤは、いわゆる「ゴム」からできているのをご存じでしょうか？

ゴムを構成する分子は、ある分子がいくつもつながって大きくなったものです。

このような分子を高分子と呼ぶんでしたね。

今までに何度も登場しています。

ゴムには弾力がありますよね。

弾力はまさにゴムの特徴であり、曲げたり伸ばしたりした際に、元に戻ろうとする力が働きます。

ゴムがもつ弾力について、分子のレベルで考えてみましょう。

ゴムを構成する分子にはいろいろな種類があるのですが、有名なもののひとつとして「ポリイソプレン」という分子が挙げられます。

ポリイソプレンは、「イソプレン」がたくさんつながった分子です。

「ポリ」は「たくさん」を意味していましたね（136ページ）。

まずは、イソプレンの構造と化学式を示します。

イソプレン
C_5H_8

今回は、イソプレンをシンプルに四角の図形で表して説明しますね。

なお、イソプレンは石油から得られるナフサ（190ページ）に、さらに熱をかけてつくられます。

イソプレンも、石油に由来する分子というわけですね。

この分子を化学反応により人工的につなげていくと、ポリイソプレンができます。

その化学式は $(C_5H_8)_n$ ですね。

特殊な薬品 $TiCl_4$–$Al(C_2H_5)_3$ を使って化学反応を行なうと、ポリイソプレンができ上がり、ゴムになるんですよ。

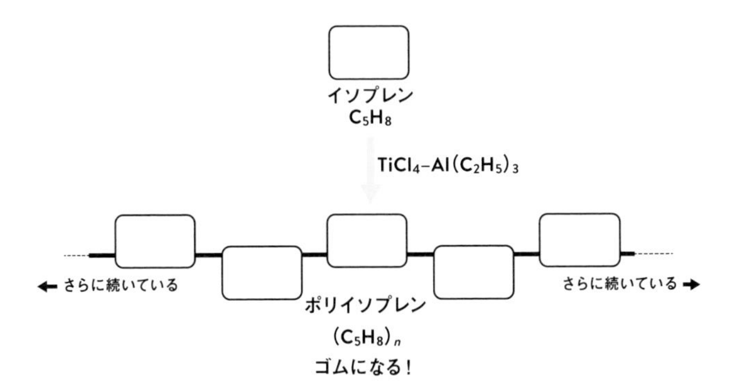

これは非常に優れた反応です。

というのも、じつはこれ以外の方法では、つながり方の異なるポリイソプレンができてしまうケースが多いんですよ。

こちらのポリイソプレンは、つながり方だけではなく性質も異なっていて、プラスチックのように硬い分子なんです（こちらのポリイソプレンが優先的にできてしまう方法もありますし、少量だけ含まれてしまう方法もあります）。

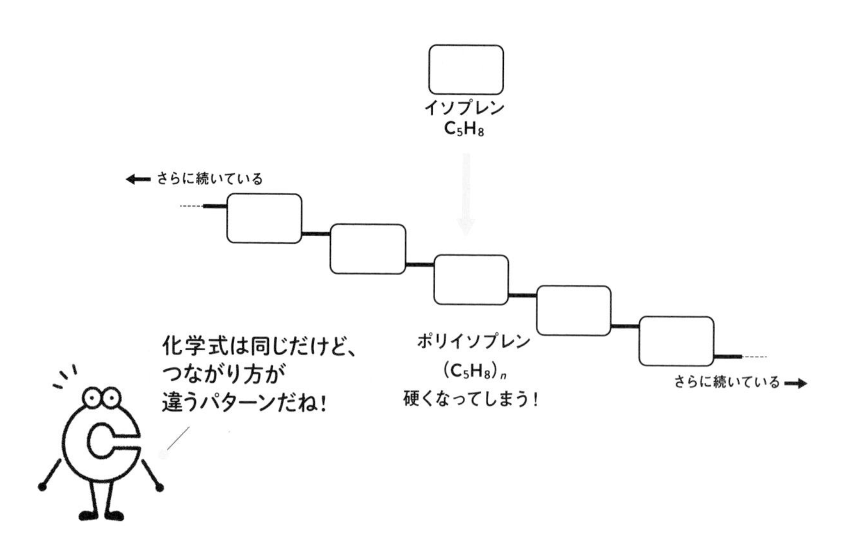

さて、ここで登場した複雑な薬品$TiCl_4$–$Al(C_2H_5)_3$について紹介しますね。

とても難しいので、ざっくりとお話しします。

「Ti」は「チタン」という金属の元素記号です。

「チタン合金」とか「チタンめっき」という言葉を聞いたことがある人もいると思います。

「Al」は「アルミニウム」という金属の元素記号です。

これはアルミ缶や1円玉に使われているので、身近にある金属ですね。

この2種類の金属が含まれている薬品です。

この薬品がイソプレンのつながり方を上手にコントロールすることが発見されたのです。

なお、$TiCl_4$–$Al(C_2H_5)_3$は「チーグラー・ナッタ触媒（しょくばい）」と呼ばれています。

「触媒」は、酵素のように反応を手助けするものです。

この触媒の発見は非常に高く評価され、開発者であるカール・チーグラー先生とジュリオ・ナッタ先生は1963年にノーベル化学賞を受賞しています。

ちなみに、じつは他にも方法があるんだよ。
「アルキルリチウム」という薬品を使用すると、
ゴムの性質をもつほうのポリイソプレンを
高い割合でつくることができるのさ

それでは、ポリイソプレンの話に戻りましょう。

つながり方の異なる2つのポリイソプレンは、なぜその性質に違いが出るのでしょうか?

まずは、これらの分子の構造の違いを見ていきましょう。

先ほど模式図で表した2つのポリイソプレンにざっくりした補助線を引くと、これらの構造の違いが明確になります。

ゴムの性質をもつポリイソプレンをA、硬くなってしまうポリイソプレンをBとしておきますね。

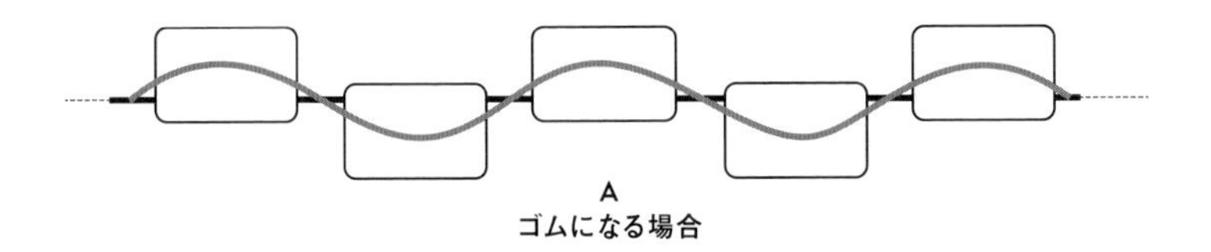

A
ゴムになる場合

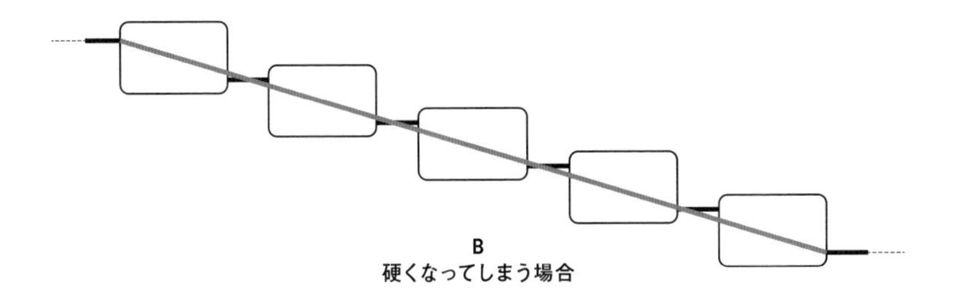

B
硬くなってしまう場合

Aのポリイソプレンは波打っていて、Bのほうは直線状ですね。

さて、Bの分子は、プラスチックのような硬さになってしまうわけですが、なぜこのような性質の違いが生まれるのでしょうか?

先ほど示したざっくりとした補助線を使って説明します。

下にイメージ図を示しておきますね。

Aのポリイソプレンは波打っているのでキッチリと詰まりにくく、硬くはならないわけです。

その一方で、Bの分子は直線状なのでキッチリと詰まってしまい、硬くなります。

このような構造の違いから、性質に差が出るといわれているんですよ。

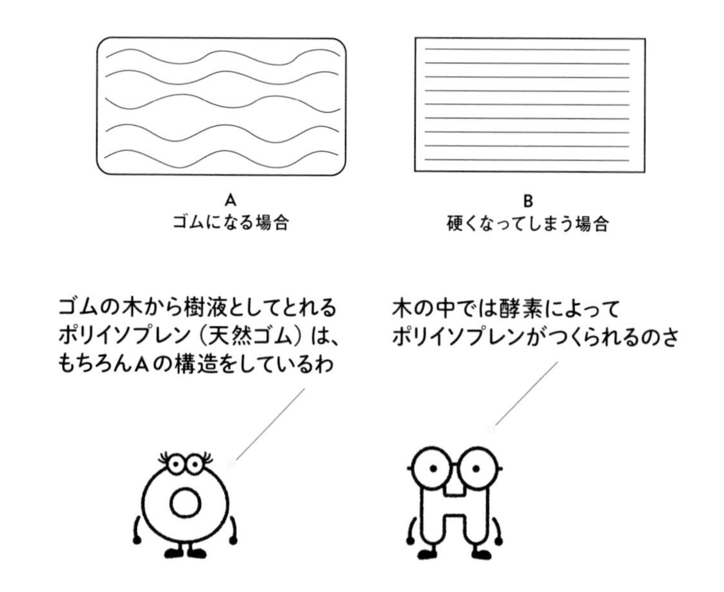

A
ゴムになる場合
B
硬くなってしまう場合
ゴムの木から樹液としてとれる
ポリイソプレン（天然ゴム）は、
もちろんAの構造をしているわ
木の中では酵素によって
ポリイソプレンがつくられるのさ

さて、ポリイソプレンのことがわかってきたところで、今度はゴムの弾力について考えていきましょう。

ゴムを引っ張る前と引っ張った後で、分子のイメージは次のようになります。

ゴムの分子を線で表しています。

引っ張る前は乱雑に丸まった形をとっていますが、引っ張ると伸び、力を取り除くともとの形に戻ろうとするんですよ。

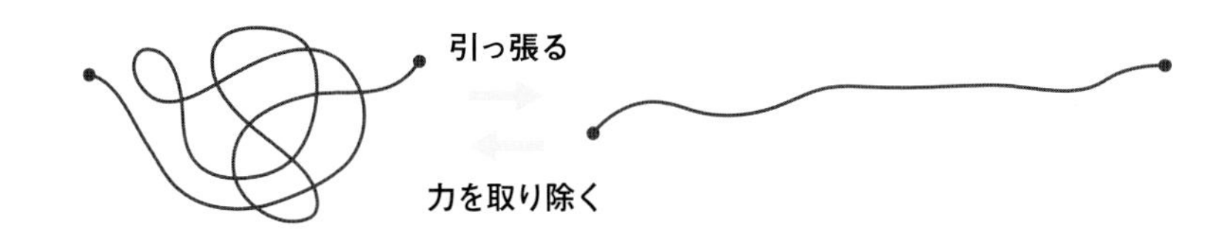

しかし、じつはポリイソプレンは、私たちが普段使っているゴム製品ほどには弾力がありません。

力を取り除いても、元どおりにはならないんです。

どうしたら、私たちが普段使っているゴム製品のようになるのでしょうか?

答えは……ポリイソプレンに、ある分子を加えて弾力を増やすのです。

ある分子とは、「硫黄」のことです。

硫黄の元素記号は「S」でしたね。

下に示したように、硫黄Sとポリイソプレンをつなげます。

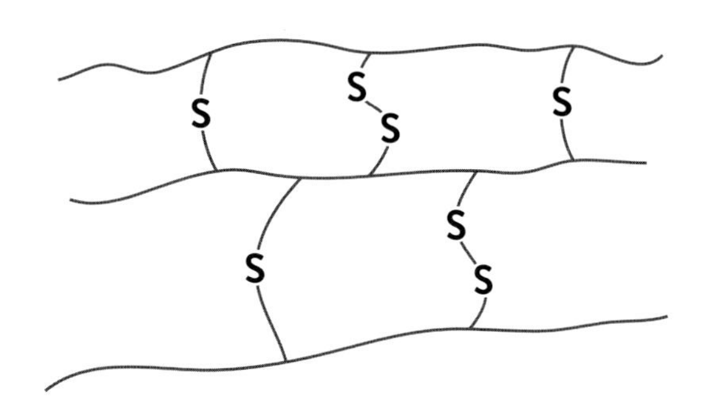

ちなみに、この工程を加硫（かりゅう）といいます。

まるで橋を架けたような構造になっていますね。

紙オムツのときにも似たような方法を使っていたのを覚えていますか?

138ページの「つなげている部分」と書かれているところのことです。

紙オムツのときは水の分子を閉じ込めるための構造でしたが、今回は目的が違うんですよ。

硫黄を使って網のような構造にすることによって、弾力が上がり、強くて耐久性の高いゴムになるんです。

この構造のおかげで、伸ばしてももとの形に戻る力が強くなるわけです。

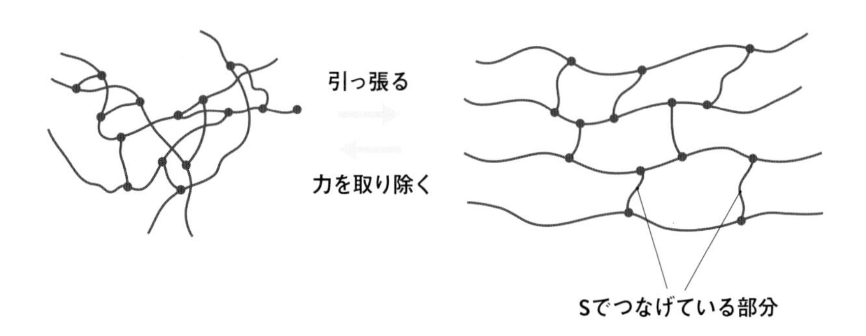

ちなみに、ゴムの木からとれたポリイソプレンに硫黄を加えて加熱した後、機械を使って筒状にしてから輪切りにすると、輪ゴムができ上がります。

さて、車のタイヤの話に戻りましょう。

タイヤには、ポリイソプレンが含まれていますが、それ以外のゴムの分子も含まれているんですよ。

有名な分子のひとつに、「SBR」が挙げられます。

SBRは「styrene-butadiene rubber」の略で、「スチレン」と「ブタジエン」という分子がつながって大きな分子になったものです。

じつは、この2つの分子も石油に由来しています。

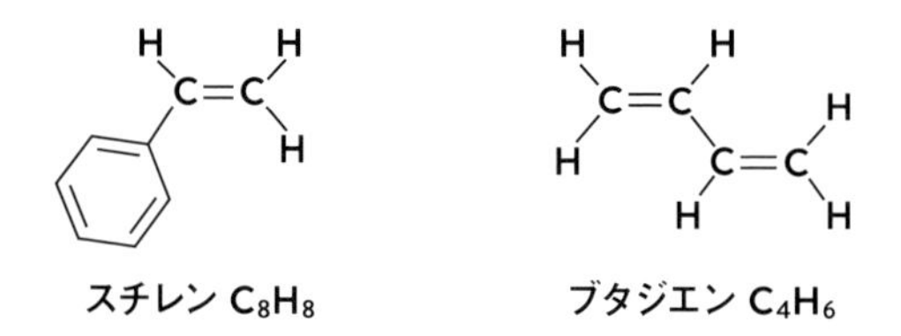

ちなみに、タイヤの黒色を示す「カーボンブラック」も配合されています。

カーボンは炭素の意味ですね。

カーボンブラックは、石油を蒸留したあとに残ったものからつくられる煤(すす)のことで、成分の95%以上が炭素なんです。

タイヤの黒色は、炭素の黒色だったんですね。

4 植物 ーN_2の利用についてー

さて、引き続き屋外に関する化学を見ていきましょう。

この本もそろそろ終盤です。

最後の2項目になりますが、植物の話をしますね。

私たちは空気中の酸素を吸って、二酸化炭素を吐き出しています。

植物は逆に、空気中の二酸化炭素を吸って、酸素を吐き出しているんでしたね。

それでは、空気中に大量にある窒素「N_2」を利用している生物はいるのでしょうか?

N_2は空気中に存在する分子の約80%を占めているんでした(体積百分率、14ページ)。

窒素は空気中にたくさんあるわけですが、私たち人間は窒素を利用できません。

その一方で、植物のなかには窒素を変換して取り込めるタイプがいるんです。

その植物とは……マメ科の植物です。

ここでは、窒素を取り込むことができる植物について解説していきます。

ダイズやレンゲソウ、シロツメクサなど、マメ科の植物は「根粒菌」という菌と一緒に生息しています。

根粒菌は名前のとおり、マメ科の植物の根っ子に粒状の根をつくり、その中で生活することができます（ちなみに、この菌は、植物と一緒に生息せず、自力で生活することもできます）。

根粒菌は周囲の窒素を取り込み、「ニトロゲナーゼ」という酵素を使って窒素を「アンモニウムイオン」に変換することができるのです。

ちなみに、このことを「窒素固定」といいます。

アンモニウムイオンは、尿素がつくられる過程のところで登場しましたよね（132ページ）。

マメ科の植物は、根粒菌がつくり出したアンモニウムイオンをもらいます。

一方で植物は、自身が光合成でつくり出した栄養分を根粒菌に渡しています。

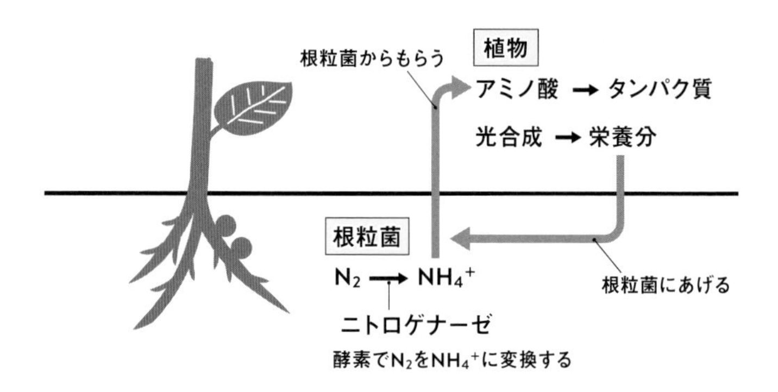

じつは、アンモニウムイオン（NH_4^+）は、
別の形に変換された状態で、根粒菌と
植物の間を移動していると考えられているんだよ

植物は、根粒菌からもらったアンモニウムイオンをもとにして、いろいろなアミノ酸をつくるんですよ。

このことは「窒素同化」といいます。

アミノ酸には必ず窒素原子であるNが入っていましたよね。

アンモニウムイオンの窒素原子が使われます。

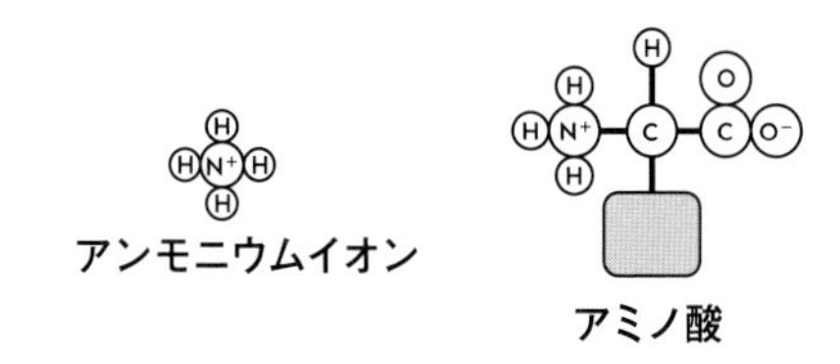

さらに、植物はアミノ酸を使ってタンパク質をつくります。

繰り返しになりますが、タンパク質はアミノ酸がつながったものでしたね。

髪の毛のところで詳しく話したとおり、タンパク質はさまざまな性質や機能をもっており、人間にとって大切なものでしたよね（115ページ）。

それは植物にとっても同じことです。

以上のように、マメ科の植物は、自身が窒素を利用しているわけではなく、根粒菌の協力を通じて窒素を利用しているわけです。

その代わりに、植物が光合成でつくり出した栄養分をあげているわけですから、明確なギブアンドテイクが成り立っていますね。

このような関係を共生（きょうせい）といいます。

ちなみに、根粒菌以外にも、ラン藻類や一部の菌も窒素同化を行なうことができるんですよ。

私たち人間にはできないことです。

それでは、根粒菌と共生できない植物は窒素Nを利用できないのでしょうか?

決してそんなことはありません。

動物の死骸や排出物は、土の中の菌によって分解されることにより、アンモニウムイオン（NH_4^+）になります（アンモニウムイオンの窒素Nは、タンパク質などに含まれる窒素原子に由来します）。

植物は、このアンモニウムイオンを取り込むことができるんですよ。
そして、それを利用してアミノ酸およびタンパク質をつくっています。
その植物を動物が食べれば、アミノ酸やタンパク質が動物のもとに帰ってくるわけです。

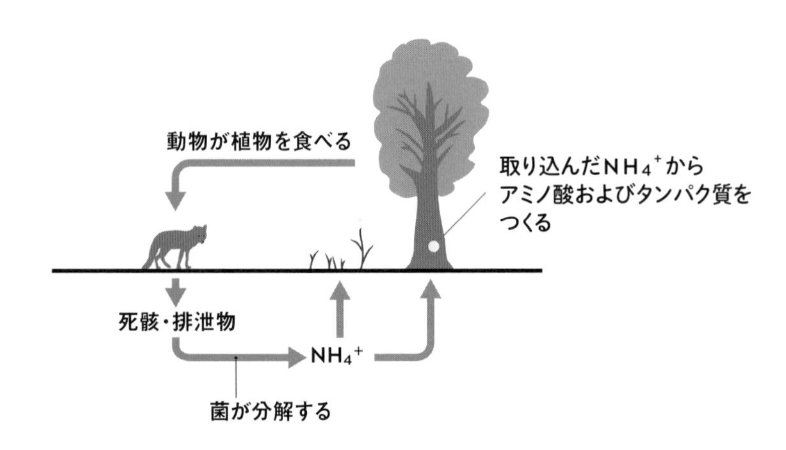

こうして見ると、窒素原子はいろいろな形に変換されて世界を循環していることがわかります。

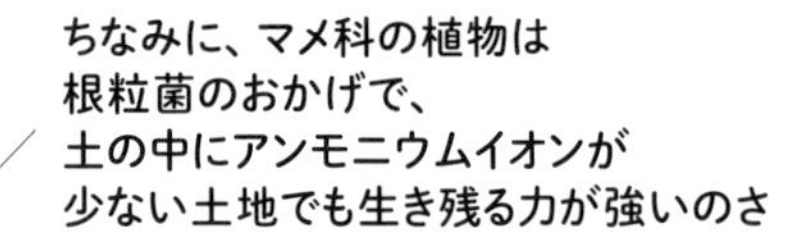

ちなみに、マメ科の植物は
根粒菌のおかげで、
土の中にアンモニウムイオンが
少ない土地でも生き残る力が強いのさ

根粒菌との共生は、
マメ科の植物がたくましく
生き残る術なのかしらね

他にも、動物の死骸などに由来するアンモニウムイオン（NH_4^+）が、やはり菌によって亜硝酸イオン（NO_2^-）、続いて硝酸イオン（NO_3^-）に変換されて植物中に取り込まれた後、再び植物内でアンモニウムイオンになってアミノ酸およびタンパク質がつくられる循環もあります。

なお、植物内では酵素が働いています。

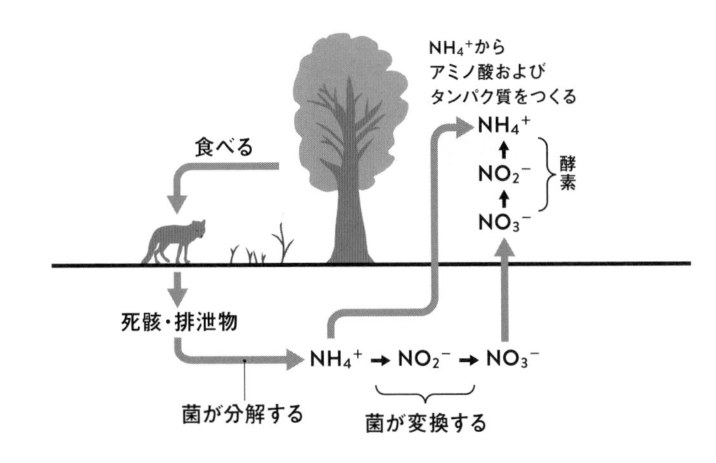

5 植物由来のエネルギー ～もっと詳しく！～

い よいよ最後のトピックです。

この章のはじめに石油、そして石油から得られるガソリンの説明をしました。

このことに関連して、最後に、植物がガソリンの代わりになるという話をしましょう。

植物由来のガソリン、つまり燃料の正体は「エタノール」です。エタノールの化学式は「CH_3CH_2OH」で、お酒の成分でしたね。お酒がガソリンの代わりになるなんて驚きです。

エタノールを燃料に使う場合は、とくに「バイオエタノール」と呼ぶんですよ。

エタノールは、下に示す式で燃焼し、エネルギーとなります。

$$CH_3CH_2OH + 3O_2 \rightarrow 2CO_2 + 3H_2O + \text{エネルギー}$$

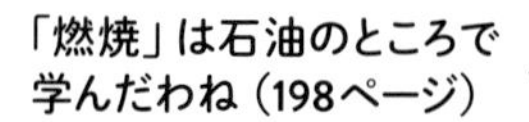

「燃焼」は石油のところで
学んだわね（198ページ）

このときに得られるエネルギーで、自動車を動かすことができるわけです。

このエタノールは、「トウモロコシ」や「サトウキビ」などの植物から得ることができます。

植物由来の燃料を使うと、何かメリットがあるのでしょうか？

ガソリンが使われると、エネルギーが得られるとともに二酸化炭素が排出されるという話をしました（198ページの化学反応式を参照）。

二酸化炭素は「温室効果ガス」であり、地球温暖化の原因のひとつと考えられています。

そのため、ガソリンの使用に際しては、排出される二酸化炭素の量が問題になります。

バイオエタノールの原料である植物は、二酸化炭素を使って成長しますね。

バイオエタノールを使用して二酸化炭素が排出されても（前ページの式を参照）、その分の植物を育てれば、その際に植物が二酸化炭素を消費するので、二酸化炭素の排出量が事実上ゼロになるという考え方があります。

この考え方は「カーボンニュートラル」と呼ばれています。

また、植物は短期間で成長しますよね。長いものでも数百年でしょう。

その一方で、石油ができるまでには気が遠くなるような長い年月を必要とするんでしたね（189ページ）。

バイオエタノールが普及すれば、石油の節約にもなるわけです。

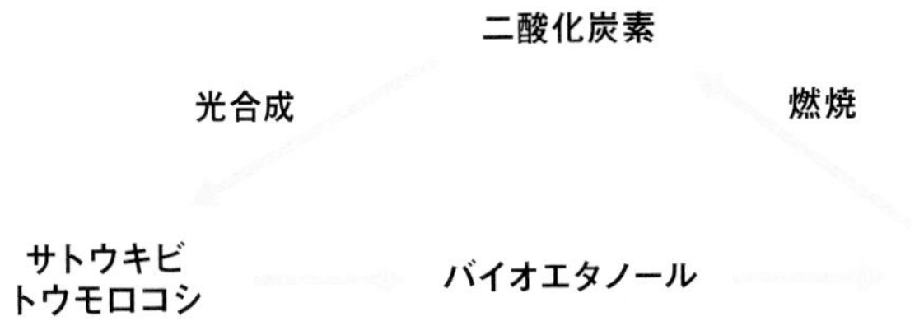

ここで、「温室効果ガス」という用語の説明をしておきますね。

地表（地球の表面）が放つ熱を気体が吸収し、吸収した熱を気体が放つときに、宇宙だけでなく地表にも戻します。

その結果、地表付近の温度が高くなります。

このような効果をもつ気体のことを温室効果ガスと呼びます。

それでは、バイオエタノールの話に戻りましょう。

アメリカやブラジルでは、すでにバイオエタノールが普及しています。

アメリカではトウモロコシから、ブラジルではサトウキビからバイオエタノールをつくり出しています。

アメリカではトウモロコシの生産が、ブラジルではサトウキビの生産が盛んですからね。

ガソリンに、10～25％程度のバイオエタノールを混ぜたものが使われています。

日本では、2007年にバイオエタノールが3％含まれているガソリンの販売がスタートしましたが、あまり普及していないのが現状です。

少量しか混ぜていないのは、バイオエタノールをガソリンに混ぜ過ぎると、車の部品を腐食させてしまうという問題や、水分が混入したときにエタノールが水に溶けてガソリンと分離してしまう問題があるためです。
危険性が高まるわけですね。
ただ、先に述べたとおり、バイオエタノールを混ぜた分だけ石油の消費量を減らすことができますし、それに伴って大気中の二酸化炭素濃度の増加も抑えられることになります。
ガソリンとバイオエタノールがどのような割合で混合されていても走る自動車もあり、ブラジルでは普及しているそうです。

そのような自動車は、
FFV（Flexible Fuel Vehicle、
フレックス燃料車）と呼ばれているよ

さて、そんなバイオエタノールですが、このエタノールは植物に含まれているデンプンやスクロースなどの糖質からつくられます。
これらの分子がどのような分子だったのか、思い出してみましょう。

デンプンはアミロースとアミロペクチンのことでした。
お米の主な成分でしたよね。
デンプンは、トウモロコシの中にも含まれています。
トウモロコシの中のデンプンが、バイオエタノールをつくるために使われるんですよ。

スクロースは砂糖に含まれていましたね。
スクロースは「甘蔗（かんしょ）」からとれることを砂糖のところで述べました。
甘蔗とは、サトウキビのことです。
サトウキビの中のスクロースからも、バイオエタノールをつくることができます。

さて、どのようにしてつくられるのか、もう少し詳しく見ていきましょう。

まずは、デンプンについて説明します。

デンプンを体内に取り入れると酵素で分解され、グルコースになるんでしたね（140ページ）。

同様の反応を工場で行ないます。

酵素を用いて、トウモロコシに含まれているデンプンを分解するのです。

この操作によって、グルコースを得ることができるんですよ。

こうして得られたグルコースをエタノールに分解することができますが、この際に、なんと菌の力を使います。

もっと厳密にいえば、菌がもつ酵素の力を使うということですね。

酵素を使うのは今までどおりといえば今までどおりですが、この場合は菌をまるごと使っています。

その化学反応式を下に示しました。

酵母（に含まれている酵素）

$$C_6H_{12}O_6 \rightarrow 2CH_3CH_2OH + 2CO_2 + \text{エネルギー}$$

グルコース（もしくはフルクトース）　エタノール

これが、いわゆる「発酵」です。

発酵という用語は聞いたことがあると思います。

とても小さな生物である菌によって行なわれるんですよ。

その菌には「酵母」という名前がついています。

式の右側に「エネルギー」と書いてありますが、このエネルギーを得ているのは、発酵を行なっている酵母自身です。

自動車の燃料として使われるのは、このときに生じる CH_3CH_2OH（エタノール）ですね。

ちなみに、エタノールはお酒の成分でしたが、お酒も発酵によってつくられるんですよ。

続いて、スクロースについてです。

スクロースの場合も、やはり酵母を使います。

酵母に含まれている酵素によって、まずはサトウキビの中のスクロースがグルコースとフルクトースに分解されます。

スクロースは、グルコースとフルクトースから成り立っているんでしたね（32ページ）。

こうして生じたグルコースやフルクトースが、先ほどの化学反応（発酵）によってエタノールに分解されるのです。

おわりに

Epilogue

これで『身のまわりのありとあらゆるものを化学式で書いてみた』は終了です。

いかがだったでしょうか?

目に見えない世界で、分子やイオンがくっついたり離れたりしていましたね。

目には見えない世界を想像して、化学を楽しいと思っていただけたら幸いです。

（じつをいうと最近、最新の機械によって少しだけ見えるようになってきましたが……）

思えば大学生の頃、私は目に見えない分子たちが秩序立って世界を構成していることに感動しました。

私は中学生や高校生の頃、その感動を覚えるほど勉強をしていなかったんです。

浪人して必死に勉強し、大学生になって、この感動を覚えたことを記憶しています。

ちょっと表現を変えるだけで、化学が苦手な人や嫌いな人にもこの感動が少しでも伝わればな……と思って本書を書き進めました。

これをきっかけにし、「はじめに」でも述べたように、中学校や高校の学生さんが理科や化学の授業を楽しみ、さらには成績を上げてもらえたら幸いです。

社会人の方々は、化学の視点からもニュースを理解できるようになり、ご自身の仕事に反映できたら、私も化学者冥利に尽きるというものです。

さて、本書をとおしておわかりのとおり、化学式を見ただけでは、なかなかわからないことが多く、詳しい構造をしっかりと描いて考えなくてはなりません。

$C_6H_{12}O_6$の化学式を見ても、構造の詳細を見てみないと、どんな分子だかわかりませんでしたよね?

グルコースなのかフルクトースなのか、もわかりません。

グルコースであっても、α-グルコースかもしれませんし、β-グルコースかもしれません。

化学式が複雑になるほど、より詳細に構造を見ていくことが大切になってきます。

本書ではさまざまな化学式を紹介してきたわけですが、高校の化学では$C_6H_{12}O_6$やO_2、H_2Oなどの化学式は「分子式」とも呼ばれます。

じつは化学式は、次に示すように細かく分類されています。

1.分子式：H_2、O_2、H_2O、CH_4O（メタノール）

2.組成式：NaCl、C、Cuなどイオンや原子がひたすら繋がっている構造をもち、分子に相当するものが存在しない物質を表す式（じつは、このような物質は分子をつくりません）

3.イオン式：Na^+、Cl^-など、イオンを表した式（なお、化学の世界では、このようなプラスやマイナスを電気ではなく電荷と表現することがほとんどです）

4.構造式：H–HやO=Oなど、結合の様子と構造を明らかにした式

5.示性式：CH_3OH（メタノール）など、分子式に似ているが、構造を意識して書いた式

これらの知識を武器にして、次のステップに臨んでいただければ幸いです。

最後になりましたが、今回、本書の執筆にあたり、専門的なご助言をくださった橋本善光先生（昭和薬科大学 講師）に、また、読者として貴重なご意見をくださった高井健一様（のぽた合同会社 代表）に、この場を借りて深く感謝いたします。

また、本書を素敵な形で仕上げてくださった、スタジオポストエイジ様と新井大輔様、松本セイジ様、そして溜池省三様に心よりお礼申し上げます。

そして、私に執筆という貴重な機会を与え支えてくださった、編集の永瀬敏章様をはじめとする、ベレ出版のみなさまに感謝申し上げます。

2019年12月　山口 悟

参考文献

Bibliography

<中学校・高校の参考書>
戸嶋直樹、瀬川浩司 共編『理解しやすい化学 化学基礎収録版』文英堂（2012）
水野丈夫、浅島 誠 共編『理解しやすい生物 生物基礎収録版』文英堂（2012）
有山智雄、上原 隼、岡田 仁、小島智之、中西克爾、中道淳一、宮内卓也『中学総合的研究 理科 三訂版』旺文社（2013）←2章1節の空気の成分の割合は、この本を参考にしました。
野村祐次郎、辰巳 敬、本間善夫『チャート式シリーズ 新化学 化学基礎・化学』数研出版（2014）
卜部吉庸『理系大学受験 化学の新研究 改訂版』三省堂（2019）

<塩、砂糖、味覚について>
伏木 亨『味覚と嗜好のサイエンス』丸善出版（2008）
食品保存と生活研究会 編著『塩と砂糖と食品保存の科学』日刊工業新聞社（2014）
山本 隆『楽しく学べる味覚生理学 ── 味覚と食行動のサイエンス』建帛社（2017）

<シクロデキストリン、嗅覚について>
寺尾啓二 著、服部憲治郎 監『食品開発者のためのシクロデキストリン入門』日本食糧新聞社（2004）
寺尾啓二 著、池上紅実 編『世界でいちばん小さなカプセル ── 環状オリゴ糖が生んだ暮らしの中のナノテクノロジー』日本出版制作センター（2005）
寺尾啓二、小宮山真 監『シクロデキストリンの応用技術 普及版』シーエムシー出版（2013）
平山令明『「香り」の科学 ── 匂いの正体からその効能まで』講談社ブルーバックス（2017）

<油脂、野菜の香りについて>
畑中顯和『化学と生物』Vol.31、No.12、826（1993）
畑中顯和『みどりの香り ── 植物の偉大なる知恵』丸善出版（2005）
畑中顯和『進化する“みどりの香り” ── その神秘に迫る』フレグランスジャーナル社（2008）
C. Gigot, M. Ongena, M.-L. Fauconnier, J.-P. Wathelet, P. D. Jardin, P. Thonart, *Biotechnol. Agron. Soc. Environ.,* 14, 451（2010）

神村義則 監『食用油脂入門』日本食糧新聞社（2013）
原田一郎 原著、戸谷洋一郎 改訂編著『油脂化学の知識 改訂新版』幸書房（2015）
戸谷洋一郎、原節子 編『油脂の科学』朝倉書店（2015）
久保田紀久枝、森光康次郎 編『食品学』東京化学同人（2016）

＜虫歯について＞
浜田茂幸、大嶋 隆 編著『新・う蝕の科学』医歯薬出版（2006）
NPO法人 最先端のむし歯・歯周病予防を要求する会 著、西真紀子 監『歯みがきしてるのにむし歯になるのはナゼ？』オーラルケア（2014）
相馬理人『その歯みがきは万病のもと ― デンタルIQが健康寿命を決める』SBクリエイティブ（2017）

＜髪の毛について＞
ルベル/タカラベルモント株式会社『サロンワーク発想だからわかる！ きほんの毛髪科学』女性モード社（2014）
前田秀雄『現場で使える毛髪科学 美容師のケミ会話』髪書房（2018）

＜洗浄について＞
大矢 勝『図解入門よくわかる最新洗浄・洗剤の基本と仕組み』秀和システム（2011）
長谷川治 著、洗剤・環境科学研究会 編『これでわかる！ 石けんと合成洗剤50のQ &A あなたは何を使っていますか？』合同出版（2015）

＜おしっこ・腸内細菌・うんちについて＞
増田房義 著、高分子学会 編『高吸水性ポリマー』共立出版（1987）
中野昭一 編『生理・生化学・栄養 図説 からだの仕組みと働き』医歯薬出版（2001）←4章9節の尿の成分の割合は、この本を参考にしました。
医療情報科学研究所 編『病気がみえる vol.8 腎・泌尿器 第2版』メディックメディア（2014）
NHKスペシャル取材班『やせる！ 若返る！ 病気を防ぐ！ 腸内フローラ10の真実』主婦と生活社（2015）
坂井正宙『図解入門 よくわかる便秘と腸の基本としくみ』秀和システム（2016）

アランナ・コリン 著、矢野真千子 訳『あなたの体は9割が細菌 ― 微生物の生態系が崩れはじめた』河出書房新社（2016）
ステファン・ゲイツ 著、関麻衣子 訳『おならのサイエンス』柏書房（2019）

＜液晶について＞
松浦一雄 編著、尾崎邦宏 監『しくみ図解 高分子材料が一番わかる』技術評論社（2011）
鈴木八十二、新居崎信也『トコトンやさしい液晶の本 第2版』日刊工業新聞社（2016）
竹添秀男、宮地弘一 著、日本化学会 編『液晶 ― 基礎から最新の科学とディスプレイテクノロジーまで』共立出版（2017）

＜綿について＞
加藤哲也、向山泰司 監『やさしい産業用繊維の基礎知識』日刊工業新聞社（2011）
信州大学繊維学部 編『はじめて学ぶ繊維』日刊工業新聞社（2011）

＜電池について＞
渡辺 正、片山 靖『電池がわかる 電気化学入門』オーム社（2011）
藤瀧和弘、佐藤祐一 著、真西まり 画『マンガでわかる電池』オーム社（2012）
吉野 彰 監『リチウムイオン電池 この15年と未来技術 普及版』シーエムシー出版（2014）
吉野 彰『電池が起こすエネルギー革命』NHK出版（2017）
齋藤勝裕『世界を変える電池の科学』C＆R研究所（2019）
神野将志『電池BOOK』総合科学出版（2019）

＜石油・石油製品について＞
足立吟也、岩倉千秋、馬場章夫 編『新しい工業化学 ― 環境との調和をめざして』化学同人（2004）
野村正勝、鈴鹿輝男 編『最新工業化学 ― 持続的社会に向けて』講談社サイエンティフィク（2004）
齋藤勝裕、坂本英文『わかる×わかった！ 高分子化学』オーム社（2010）
トコトン石油プロジェクトチーム 著、藤田和男、島村常男、井原博之 編著『ト

コトンやさしい石油の本 第2版』日刊工業新聞社（2014）
Harold A Wittcoff、Bryan G Reuben、Jeffrey S Plotkin 著、田島慶三、府川伊三郎 訳『工業有機化学（上）原料多様化とプロセス・プロダクトの革新（原著第3版）』東京化学同人（2015）
垣見裕司『最新 業界の常識 よくわかる石油業界』日本実業出版社（2017）←6章1節の日本における石油の輸入状況については、この本を参考にしました。
リム情報開発株式会社『やさしい石油精製の本 改訂版』リム情報開発株式会社（2018）

<ゴム・タイヤについて>

浅井治海『日本ゴム協会誌』Vol.50、No.11、743（1977）
蒲池幹治『改訂 高分子化学入門 ― 高分子の面白さはどこからくるか』エヌ・ティー・エス（2006）
伊藤眞義『ゴムはなぜ伸びる？ ― 500年前、コロンブスが伝えた「新」素材の衝撃』オーム社（2007）
ゴムと生活研究会 編著、奈良功夫 監『トコトンやさしいゴムの本』日刊工業新聞社（2011）
井上祥平、堀江一之 編『高分子化学 ― 基礎と応用 第3版』東京化学同人（2012）
井沢省吾『トコトンやさしい自動車の化学の本』日刊工業新聞社（2015）
服部岩和『日本ゴム協会誌』Vol.88、No.6、227（2015）

<バイオエタノールについて>

坂西欣也、澤山茂樹、遠藤貴士、美濃輪智朗 編著『トコトンやさしいバイオエタノールの本』日刊工業新聞社（2008）
小田有二『化学装置』Vol.53、No.6、8（2011）
古市展之、島本祥、西尾貴史、渡辺友巳、大橋美貴典、安田京平『マツダ技報』No.32、197（2015）

著者紹介

山口 悟（やまぐち・さとる）

▶1984 年 神奈川県生まれ。
製薬会社を経て、現在は東京薬科大学 薬学部に教員として勤務。
博士（理学）。東京工業大学大学院にて取得。
中学校、高校時代はバスケットボール部に所属。
資格：薬剤師免許（北里大学 薬学部 卒業）
趣味：読書、映画、お笑い、将棋（弱い）、プログラミング（ど素人）
座右の銘：「ピンチでも諦めない」

◉── DTP　スタジオ・ポストエイジ
◉── 本文図版　溜池 省三
◉── 校正　曽根 信寿
◉── カバー・本文デザイン　新井 大輔
◉── カバー・キャラクターイラスト　松本 セイジ

身のまわりのありとあらゆるものを化学式で書いてみた

2020 年 1 月 25 日　初版発行
2021 年 12 月 16 日　第 7 刷発行

著者　山口 悟（やまぐちさとる）

発行者　内田 真介

発行・発売　ベレ出版
〒162-0832　東京都新宿区岩戸町12 レベッカビル
TEL.03-5225-4790 FAX.03-5225-4795
ホームページ　http://www.beret.co.jp/

印刷　モリモト印刷株式会社

製本　株式会社 根本製本

落丁本・乱丁本は小社編集部あてにお送りください。送料小社負担にてお取り替えします。

ISBN 978-4-86064-606-6 C0043　　編集担当　永瀬 敏章